リス
ハンドブック

飯島正広・土屋公幸

文一総合出版

日本のリス・ネズミ類

世界には5,416種もの哺乳類が知られているが、そのうち41％、2,277種がリス・ネズミの仲間（ネズミ目もしくは齧歯類）で、日本には外来種も含めると31種が知られている。

リス・ネズミ類は切歯に歯根がなく、生涯伸び続けるが、祖先は、リスによく似た姿態をもつ原始哺乳類の一群である多臼歯類で、1億6千万年前から樹上生活をしていた。しかし、6500万年前頃、リス類の祖先と考えられるプレシアダピス *Presiadapis* からリス類が現れたため、多臼歯類は絶滅した。

昼行性のリス類は樹上生活で分布を拡げ、一部は手足の間に皮膜を得て滑空する種類も現れた。地上に降りたリス類は、山地草原や荒地などにジリス、タルバガン、マーモットなどが分化した。

一方、5500万年前ころ、北アメリカで樹上生活をしていたパラミス *Paramys* から原始ネズミ類が分化し、地上生活を始めて夜行性になり、身体は小型になり地中にトンネルを掘って生活をするハムスター類が現れた。この仲間は、固い殻を持つ種子類を主食とするため臼歯も生涯伸び続け、世界中に分布を拡げた。

この仲間から、さらに進化して草食性になったハタネズミ・ヤチネズミ類が現れ、ハムスター類を駆逐しながら分布を拡げた。その後、さらに進化したネズミ類が現れたが、アメリカ大陸やマダガスカル島は、すでに孤立した島になっていたため、そこには進出できなかった。このため、アメリカ大陸ではハムスター類が適応放散して進化し、ネズミ類と同じような環境にすむものは、ネズミ類に形態も近似したアメリカネズミ類となって繁栄している。マダガスカル島でもハムスター類が適応放散して、独自のアシナガマウス類として繁栄している。しかし、ユーラシア大陸ではネズミ類の繁栄により、ハムスター類は中近東や中国地域の乾燥地帯で細々と生活をするようになった。

ネズミの仲間は、世界中で人が生活をする環境のすべてに分布している。それらは住宅地、倉庫、田畑、原野や山林、乾燥した荒れ地や島嶼、高山にも生息している。

一方リス類は、森林を主な生活場処として分布を拡げたが、一部は木のない乾燥地帯や山地などにも適応して分布した。

リスやネズミ類の特徴は、前足の親指を欠き、かぎ爪をもった小さな獣で、切歯が上下顎に各1対あって無歯根で一生成長し続ける。その前面はエナメル質からなり、後側は少し柔らかな象牙質なため、物を噛ると後側が早く磨り減って自然にノミ状になる。臼歯は、リス・ヤマネ類は上下顎に4対、ネズミ類は3対ある。切歯と臼歯との間には歯はなくて空いている（歯隙）。

なお、リス・ネズミ類は鳥獣保護法等の規制により、原則的に捕獲できないので注意が必要である（特定外来生物は駆除目的なら可能）。

エゾモモンガ

リス類：樹上生活をし、目が大きく、尾は毛で覆われている。寒帯〜熱帯まで広く生息する。

クロハラハムスター

ハムスター類：四肢と尾が短く、頬袋を持ち、歯は生涯伸び続ける。アメリカとマダガスカル以外では、中近東と中国の乾燥地帯に生息する。

エゾヤチネズミ

ハタネズミ類：夜行性で尾が短く、草食性。寒帯〜温帯地域に生息する。

アカネズミ

ネズミ類：夜行性で尾が長く、雑食性。寒帯〜熱帯と世界中に生息する。

リス・ネズミの名前を識別する

ノートには、捕獲した場所の地名、生息環境や海抜高。捕獲した年月日、捕獲者名などを記録し、下記の身体の各部位を計測し、雌雄や老幼なども記入する。

雌雄の判別は、メスでは尾の付け根の腹側に肛門がある。肛門と尿道孔の間が短い。オスは肛門からペニスまでの間が長く、成獣では精巣が大きくなっていて膨れている。同一種では、若い個体の背面の色は、成獣より暗色である。

種を識別するには、身体の各部位の長さを測る必要がある。近縁の種間では、頭胴長と尾長や後足長を比較すると判別しやすい。

長さを測るときは、ステンレス製の物差しを使い、毛は含めない。

全長：仰向けに置き、鼻先から尾の先端までの直線長。

尾長：尾の付け根に物差しを当て、そこから先端までの直線長。

頭胴長：全長－尾長＝頭胴長。

後足長：踵から指先までの直線長。爪は含めない。

耳長：耳孔下端から耳介先端までの直線長。

体重：1/10 g まで計れるデジタル秤をつかう。

3

リス・ネズミの各部位の名称

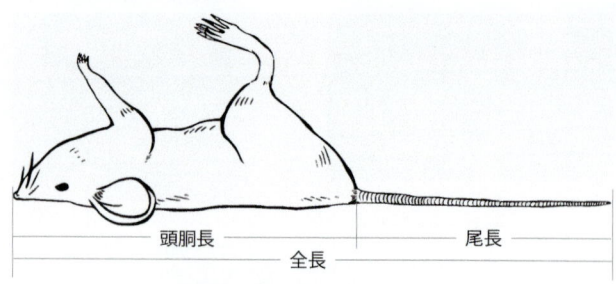

■頭骨上面

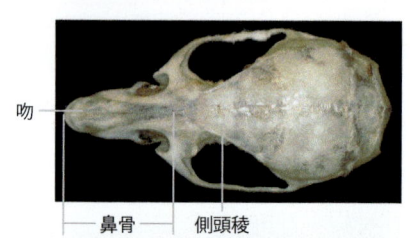

■頭骨下面

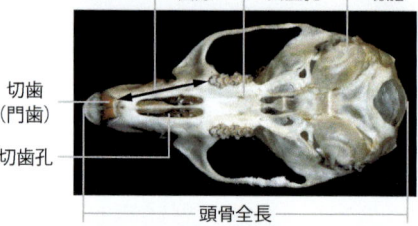

■頭骨左側面

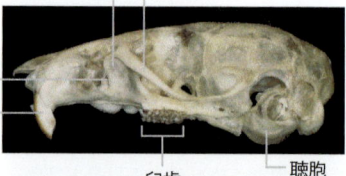

■下顎骨左側面

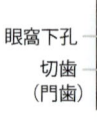
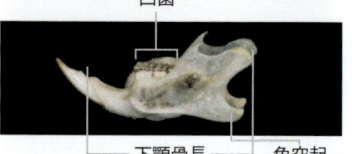

■歯（上顎左側）

リス科・ヤマネ科
前臼歯　第1臼歯　第2臼歯　第3臼歯

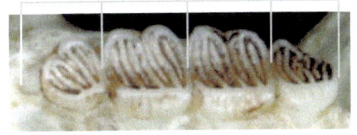

ハタネズミ亜科
第1臼歯　第2臼歯　第3臼歯

凸角　凹角

ネズミ亜科
第1臼歯　第2臼歯　第3臼歯

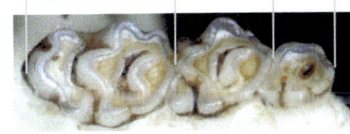

■耳介

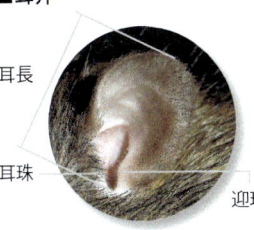

耳長

耳珠

迎珠

■後足（下面）

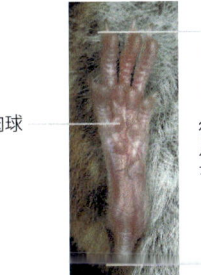

肉球

後足長

用語解説

亜種：同じ種と考えられるが、すむ場所により属性が異なるもの。

アレンの法則（Allen's law）：同種の恒温動物では、北に生息する個体の体の突出部（四肢、尾、耳介など）は、南にすむ個体より小さくなる。

営巣：主に出産・育児のために巣をつくること。また、一生を過ごす場所に休息場所などをつくる。

学名：形態の特徴に基づき、世界共通の名前をラテン語でつける。

滑空：モモンガ、ムササビ類は前足と後足の間に皮膜があって、樹間をグライダーのように飛び移る。

換毛：季節により全身の毛が生え替わる。秋に生え替わる冬毛は、密で保温性に富み、春に生え替わる夏毛は、荒くて粗な毛である。

グロージャーの規則（Gloger's rule）：南にすむ恒温動物のメラニン形成は、北にすむ同種の場合より多く、暗い色彩を示す傾向がある。

交尾：1年の内、子をつくるために一定期間オスがメスを求めて行動をし、受精させる。

歯式：分子に上顎、分母に下顎の片側の歯の数を示した式であり、切歯（i）・犬歯（c）・前臼歯（p）・大臼歯（m）の順番にその数を示す。リス類の歯式は、i1/1、c0/0、 p2/1、m3/3となり、22本を超えることはない。ネズミ類では多くの種では前臼歯はなくなっていて、i1/1、c0/0、p0/0、m3/3＝16本である。

シャーマントラップ：アメリカ合衆国のH. B. Sharman Traps社が販売しているネズミを生け捕りにするためのワナ。折りたためるアルミニウム製で小型のSFA型、それの少し長いSFAL型、大型のLFA型の3種類があるが、通常は小型のSFA型を使う。10台単位で購入でき、野外で使うときは鳥獣捕獲許可証を得て実施する。午後にフィールドでワナを仕掛けるときは、誘因餌にオートミルを使う。これをワナの入り口から一つまみ放り込み、20〜22時に見回るが、蓋が閉まっていたら丈夫なビニール袋の中にあけてケージに移し、リンゴの小片を入れておく。トラップは再び仕掛け直し、翌朝すべて回収する。

種：互いに交配しうる自然集団の群れで、それは他のそのような群れから生殖的に隔離されている。

樹上性：樹上を生活の場にし、樹洞や枝股に巣をつくる。

寿命：誕生してから老衰死するまでの一生の期間。

食性：主食により、草や樹木の葉・芽・枝などを主食にする草食性、樹木や草の果実や種子を主食とする種子食性、昆虫などを主食にする食虫性など。

染色体：哺乳類の細胞核内に存在し、DNAからつくられ、細胞分裂中期に凝縮して種に特有の数と形（核型）を示す。塩基性色素で染色されるのでこの名がある。

地下性：地下にトンネルを掘り、巣をつくり、そこが主な生活の場。

地上性：地下にトンネルは掘らず、地上を生活の場にしている。

天敵：リスやネズミを餌とする動物。キツネ・タヌキ・テン・イタチなどの食肉類や、鷲・鷹・梟などの肉食性鳥類。

冬眠：ヤマネとシマリスは、晩秋に気温が下がると皮下脂肪を貯留し、脳内に冬眠ホルモンが増え、体温を下げ、心拍数・呼吸数が減り、眠り続けることでエネルギー消費を節約して越冬する。

鳴き声：それぞれの動物が鳴く声。ネズミ類では、通常は捕獲時に動物を保定したときに鳴く声。

乳頭式：乳首のある部位を片側の数で表記する。胸部（肋骨部位）＋腹部＋鼠頸部（下肢付着部から肛門まで）＝総数で示す。

繁殖期：交尾活動・出産、育児をする期間。

尾率：頭胴長に対する尾の長さの割合。尾長÷頭胴長＝1　尾が短いと小数点以下になる。

分類：ある共通の属性をもつものと別な属性をもつものを区別し、同一の特性をもつものを一つの集合として認識する。

ベルクマンの法則（Bergmann's rule）：同種の恒温動物では、北に生息する個体のほうが、南に生息する個体よりも大きくなる。

夜行性・昼行性：活動時間が朝から夜までの日中活動する動物を昼行性、夜から朝まで活動をする動物を夜行性という。

本書の使い方

本書は、日本に生息する哺乳類のうち、リス・ネズミの仲間（齧歯類）のすべて、全31種を掲載し、実際にフィールドで生態を観察したり、骨や食痕などから種類を識別するのに役立つよう意図した。

❶ **インデックス**
属ごとに色別した。配列は分類順としたが、一部変更した。

❷ **和名**
亜種の和名があるものは最初に掲示し、次いで種の和名を（　）内に記した。また、環境省第4次レッドリストに掲載された種にはそのカテゴリーを付記した。

❸ **学名／英名**

❹ **全体写真**
本書で使用した学術標本ならびに捕獲撮影後放獣したネズミ類に関しては、法制定前に捕獲したか、規制後は所管官公庁の鳥獣保護計可を得て、捕獲、放獣した個体である。

❺ **部分アップ写真**
個体を特徴づける、あるいは識別するうえで重要と思われる部位を可能な限り掲載した。

❻ **頭骨写真**
種の正確な識別に欠かせない。a: 頭骨上面、b: 頭骨下面、c: 下顎骨上面、d: 頭骨・下顎骨側面、e: 左側上顎臼歯列、f: 左側下顎臼歯列、g: その他、の順に配列し、特徴を付記した。

❼ **解説**
掲載種の分布、生息域、その種を特徴づける生態やエピソードなど。

❽ **生息環境**

❾ **食痕**
特徴あるものについてのみ掲載。

❿ **生態写真など**
野外で活動している様子などを紹介したが、飼育下もしくは標本の写真も多く含んでいる。

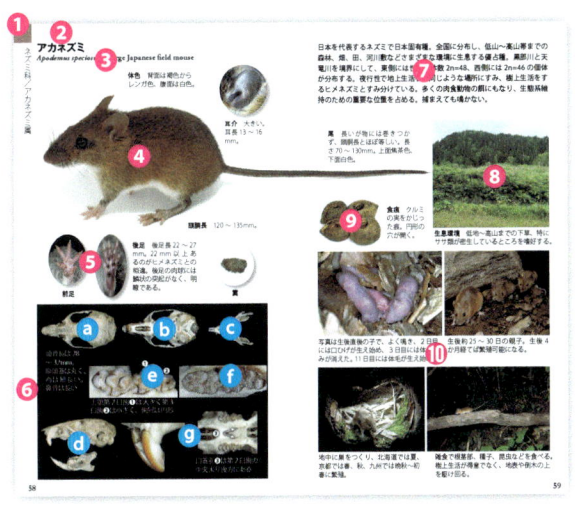

日本のリス・ネズミ —— 主に外形による検索

- ・吻は短い
- ・切歯と臼歯の間に歯がない

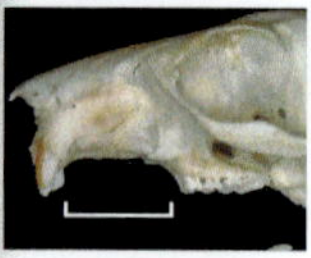

リス・ネズミの仲間（齧歯類「ネズミ目」）

- ・吻は長い
- ・切歯と臼歯の間に歯がある

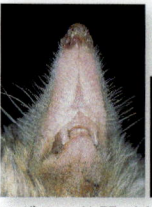

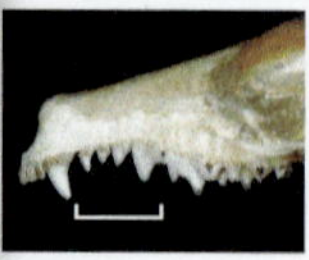

モグラの仲間（食虫類「トガリネズミ形目・ハリネズミ目」）➡『モグラハンドブック』（別売）参照

- ・前臼歯がある
- ・尾は房状

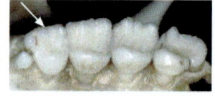

- ・前臼歯がある
- ・尾に長い毛が粗生

ヌートリア科 ヌートリア属（p.78）

- ・前臼歯がない
- ・尾に毛がないか、短い毛がある

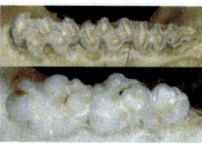

ネズミ科 ➡ B

- ・耳介は完全に毛で覆われ突出する

リス科

- ・耳介は毛が少なく周りの毛に隠れる

ヤマネ科ヤマネ属（p.30）

8

- ・前後足間に飛膜がある

- ・前後足間に飛膜がない

➡ A

- ・後足と尾の間に飛膜がある

ムササビ属（p.22）

- ・後足と尾の間に飛膜がない

モモンガ属（p.24）

A
- ・大型（頭胴長 158mm 以上）
- ・体に縞がない

- ・小型（頭胴長 153mm 以下）
- ・体に縞がある

シマリス属（p.28）

- ・体下面は純白

リス属（p.16）

- ・体下面は純白でない

タイワンリス属（p.20）

9

B

- 尾は短く、長さは頭胴長の 1/2 〜 3/4
- 臼歯は扇形の紋がある

- 尾は長く、長さは少なくとも頭胴長の 4/5
- 上顎臼歯は 3 列の結節がある

ハタネズミ亜科

ネズミ亜科 ➡ C

- 上顎切歯は淡い黄色、小さい
- 頭骨口蓋末端中央部は切れ落ちる

- 上顎切歯は明るい赤褐色、大きい
- 頭骨口蓋末端中央部は伸びて 2 つに分かれる

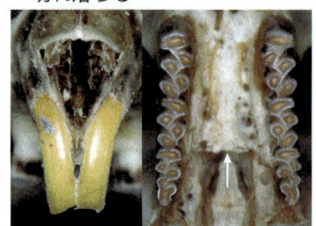

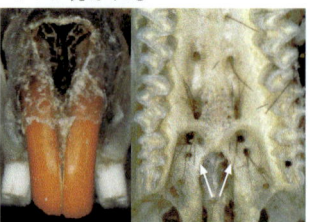

ハタネズミ属（p.44）

- 頭胴長は 130mm 以下
- 尾率は 40% 前後

- 頭胴長は 120mm 以下
- 尾率は 42 〜 62%

- 頭胴長は 220mm 以上

ヤチネズミ属 (p.32)

ビロードネズミ属 (p.38)

マスクラット属 (p.46)

C
- ・上顎切歯に刻み目がない
- ・上顎切歯に刻み目がある

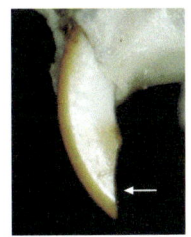 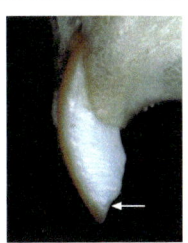

ハツカネズミ属（p.74）

- ・尾は全体が毛で覆われる
- ・尾の先端上面は無毛

カヤネズミ属（p.54）

- ・体には短い剛毛が生える
- ・体には長い剛毛が生える
- ・頭胴長は210mm以下
- ・体には長い剛毛が生える
- ・頭胴長は250mm以上
- ・体には針状毛が生える
- ・頭胴長は190mm以上

アカネズミ属（p.56）　クマネズミ属（p.66）　ケナガネズミ属（p.72）　トゲネズミ属（p.48）

■日本のリス・ネズミ頭骨原寸大一覧

リス科 SCIURIDAE

リス属 *Sciurus*

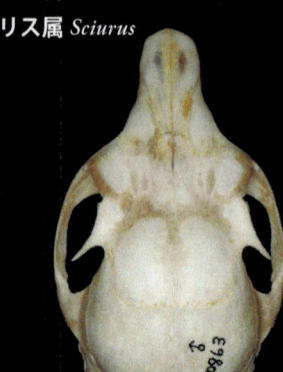

エゾリス (p.16)

ニホンリス (p.18)

ムササビ属 *Petaurista*

モモンガ属 *Pteromys*

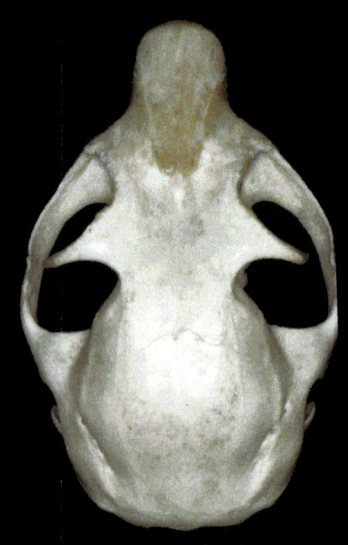

ムササビ (p.22)

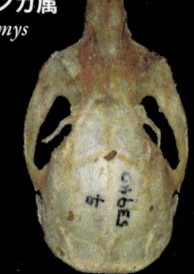

エゾモモンガ (p.26)

ニホンモモンガ (p.24)

タイワンリス属
Callosciurus

シマリス属
Tamias

ヤマネ科
MUSCARDINIDAE

ヤマネ属
Glirulus

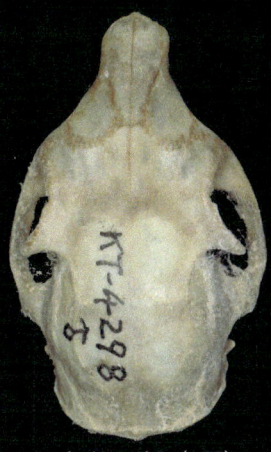
タイワンリス (p.20)

エゾシマリス (p.28)

ヤマネ (p.30)

ネズミ科 MURIDAE

ヤチネズミ属 *Myodes*

マスクラット属 *Ondatra*

エゾヤチネズミ (p.32)

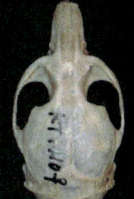
ムクゲネズミ (p.34)

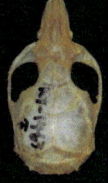
ミカドネズミ (p.36)

ハタネズミ属
Microtus

ビロードネズミ属
Eothenomys

ハタネズミ (p.44)

ヤチネズミ (p.38)

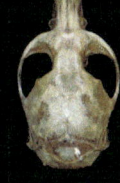
スミスネズミ (p.42)

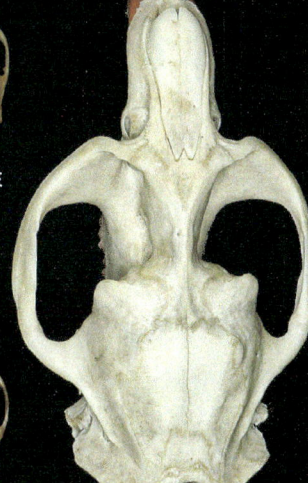
マスクラット (p.46)

13

トゲネズミ属 *Tokudaia*

カヤネズミ属 *Micromys*

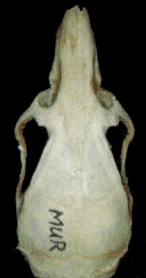

トクノシマトゲネズミ (p.52)

アマミトゲネズミ (p.48)

オキナワトゲネズミ (p.50)

カヤネズミ (p.54)

アカネズミ属 *Apodemus*

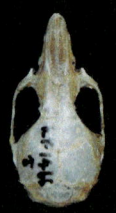

セスジネズミ (p.64)

アカネズミ (p.58)

カラフトアカネズミ (p.56)

ヒメネズミ (p.62)

クマネズミ属 *Rattus*

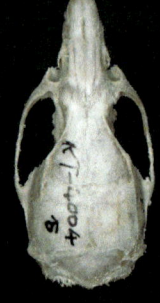
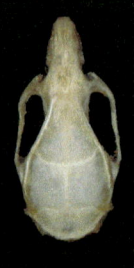

ヨウシュクマネズミ (p.70)

ニホンクマネズミ (p.68)

ドブネズミ (p.66)

ナンヨウネズミ (p.71)

ケナガネズミ属 *Diplothrix*

ケナガネズミ
(p.72)

ヌートリア科 MYOCASTORIDAE
ヌートリア属 *Myocastor*

ハツカネズミ属
Mus

ニホンハツカネズミ
(p.74)

オキナワハツカネズミ
(p.76)

ヌートリア (p.78)

15

リス科／リス属

エゾリス（キタリス）
Sciurus vulgaris orientis / Eurasian red squirrel

耳介 背面の毛の長さは同長。冬になると耳介の先にはさらに4cmほどの毛が生え、防寒の役目を担う。

体毛・体色 夏毛の背面は暗褐色、冬毛は灰褐色で腹面は純白色。冬毛は体毛が密生する。尾の先端は黒色。

尾 体色より暗色。毛の先端は暗褐色。

頭胴長 226〜253mm。

手足 タイワンリスより長く、掌は指より短い。

糞 ドングリ形や球形。

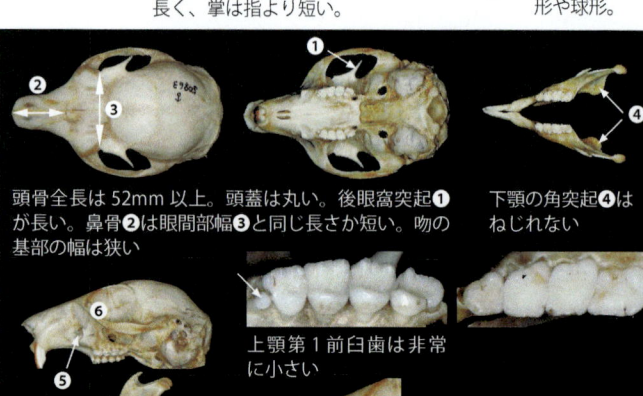

頭骨全長は52mm以上。頭蓋は丸い。後眼窩突起❶が長い。鼻骨❷は眼間部幅❸と同じ長さか短い。吻の基部の幅は狭い

下顎の角突起❹はねじれない

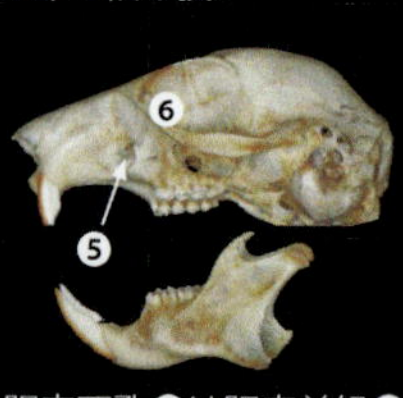

上顎第1前臼歯は非常に小さい

眼窩下孔❺は眼窩前縁❻よりはるか前方に位置する

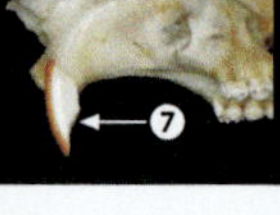

上顎の切歯❼は吻に対して直角または後方に向く

ユーラシア大陸に広く分布し、日本では北海道にだけすむ固有亜種。冬眠はせず、北海道の低山～亜高山帯までの森林に分布。活動時間は早朝から数時間で、午後にも活動することがある。球形の巣をいくつか樹上につくり、子育てには樹洞を利用することも多い。繁殖は1～2月頃交尾し、妊娠期間は40日ほどで、3～4月に1～6頭出産する。

生息環境 旭川や札幌などの都市部の公園にもすみ、防風林、神社、また亜高山帯の天然林や二次林に暮らす。

クルミや五葉松の実を地面に貯食する。食性は植物食が強い雑食。鳥の卵や昆虫も食べる。

樹洞の巣から顔を出した子どもたち。生後約45日で巣離れし、約56日で乳離れする。誕生時の体重は約8～12g。

親は子育て期には数個の巣をもち、危険や衛生状態の悪化を感じると、子をくわえて巣を変える。

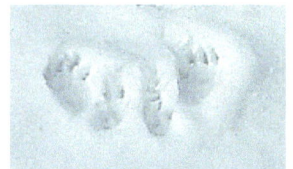

雪の上についたキタリスの逆八の字型足跡。

地上も歩くが、樹上の細い枝を伝わってジャンプをして移動もする。クロテン、猛禽類、キタキツネが天敵。

17

リス科／リス属

ニホンリス RL 絶滅のおそれのある地域個体群(LP)(中国・九州地方)
Sciurus lis / Japanese squirrel

耳介 背面の毛の長さは同長。冬になると耳介の先に長い毛が生える。

目 周囲は淡色。

体色 夏毛の背面は赤褐色、冬毛は灰褐色、腹面は純白色。

尾 毛の先端は淡灰色。太い尾は樹の上でバランスをとるのに役立つ。

頭胴 長さ158〜218mm。

手足 タイワンリスより長く、掌は指より短い。

糞

頭骨全長は51mm以下。脳頭蓋は丸い。鼻骨❶は眼間部❷と同じか短い

後眼窩突起❸が長い。吻の基部の幅❹は狭い

下顎の角突起はねじれない

上顎第1前臼歯❺は非常に小さいか欠失する

上顎切歯は、横から見て吻に対して直角または、後方を向いている

エゾリスよりも小型で、本州、四国、九州に分布する固有種だが、近年九州からは姿を消し、中国地方でも目撃情報が少なくなった。低地の里山〜亜高山帯までの森林にすみ、松林を特に好む。昼行性で早朝活動することが多い。木の枝や地面にクルミなどの木の実を貯食する。冬眠はしないが、冬の活動時間は少ない。

メスの行動圏は約10haでメスどうしで重複しない。オスメスとも餌の量で活動範囲はかなり影響される。

餌は地面を浅く掘って分散貯蔵するが、枝の又にもクルミを貯食する。植物食だが鳥の骨を食べることもあった。

子どもをくわえて巣を替える母親リス。子どもは重いが、親は小枝をジャンプして100m近く移動できる。春〜夏の、年1〜2回出産。妊娠期間39〜40日間。寿命は約5年。

オニグルミをかじる時間は約10分。アカマツは約1分40秒ほどで食べきる。合わせ目をかじり割って中身を器用に食べる。前足で木の実をつかむことが可能。

雪の上の足跡　　食痕　クルミは2つ割にして食べる。

樹上20mに作られた直径約30cmの球形の巣。アカマツやカラマツの針葉樹のかなり高所に作られ、入り口は1か所。数か所の巣を1頭が使用する。巣の中はスギの樹皮が敷き込まれている。

リス科／タイワンリス属

タイワンリス（クリハラリス） ※外来種
Callosciurus erythraeus thaiwanensis / Pallas's squirrel

耳介 丸く小さい。背面下部の毛は上部より著しく長い。

体毛 背面は黄褐色と黒っぽい体毛が混ざり合った短毛の毛で覆われる。腹面は灰褐色。夏冬同色。

吻 比較的短い

頭胴長 190〜247mm。

手足 ニホンリスより短い。掌は指と同長。

糞

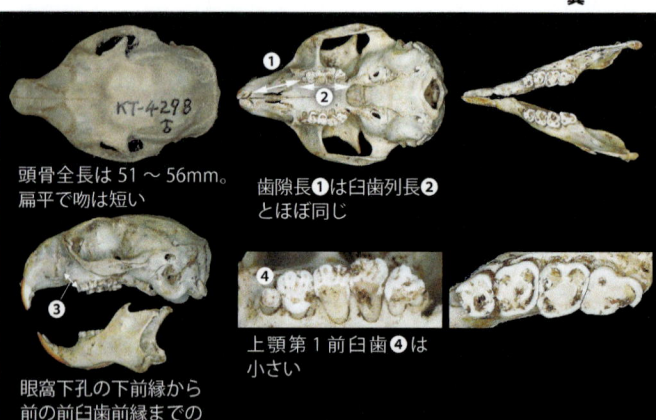

頭骨全長は51〜56mm。扁平で吻は短い

歯隙長❶は臼歯列長❷とほぼ同じ

上顎第1前臼歯❹は小さい

眼窩下孔の下前縁から前の前臼歯前縁までの長さ❸は短い

アジア南部に分布するクリハラリスの台湾亜種とされる。常緑広葉樹林帯に生息する。日本にすむ個体は台湾から持ち込まれた移入種で、1935年に伊豆大島の公園から逃げ出した個体が野生化した。神奈川県の鎌倉市以西で原産地と似たような常緑樹林にすみつき、人間の住居に入り込んだり、作物を食害している。体はニホンリスよりひと回り大きい。

生息環境 太平洋岸の温暖な広葉常緑樹林帯にすみ、鎌倉以西大分県にまで点在して生息している。

尾 側方の長毛は黒色と黄褐色の縞状、尾端の毛は黒色で先端部のみ黄白色。

繁殖期は特に決まっていないが、年に1〜2回出産する。

捕食者が近づいて警戒すると、キツッキツッという声で鳴く。この他にも数種類の鳴き声が確認されている。

細い枝を集めて、樹上に営巣する。鎌倉市では、電線や山の木の樹皮、庭木を齧られたため、防除を実施している。

メスの行動圏は0.5haで互いに重複しない。オスの行動圏は3haで、オスどうしでも異性間でも重複する。

リス科／ムササビ属

ムササビ
Petaurista leucogenys / Japanese giant flying squirrel

耳介 背面に長い毛が生える。

手足 間に飛膜をもち、モモンガと異なり後足と尾の間にも膜がある。

頭胴長 300～465mm。

体色 背面は茶褐色。腹面は白色だが、体色の変異が大きい。眉毛のような白い帯状の白帯が眼の上から頬にかけてある。

尾 円筒形で頭胴と同長。滑空中、舵のように尾を使うか、ふだんは背中の上に乗せていることが多い。

糞 球形

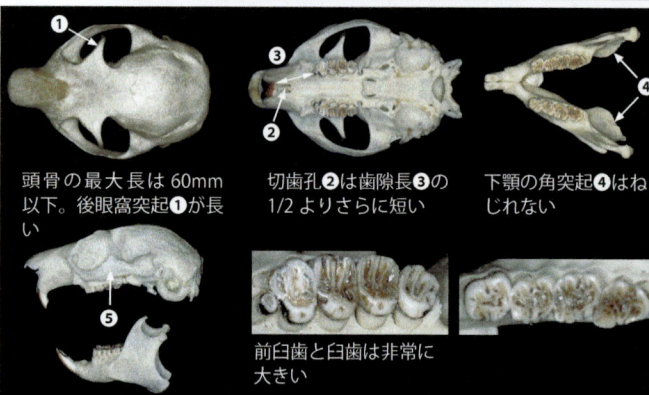

頭骨の最大長は60mm以下。後眼窩突起❶が長い

切歯孔❷は歯隙長❸の1/2よりさらに短い

下顎の角突起❹はねじれない

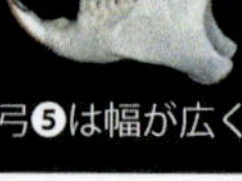

頬骨弓❺は幅が広く頑丈

前臼歯と臼歯は非常に大きい

本州、四国、九州にすむ日本固有種で、齧歯類の最大種。首から前足、前足と後足の間、後足と尾の間に飛膜をもち、その飛膜を広げることによって、木の上から下に滑空することができる。夜行性で冬眠はしない。低地〜亜高山帯の森林にすむ。草食性だが若葉、花、果実など樹上のものを食し、地上の草は食べない。

生息環境 樹洞や巣箱、家屋の屋根裏などを巣にし、樹皮をはがして巣材にする。

繁殖は春と秋の年2回。オスは受精の確率を高めるため、交尾後、交尾栓を出して膣口を封じる。妊娠期間は平均74日で1産に2頭産む。

体が大きいため、滑空距離も長く、160 mの記録もある。

親と出歩くようになった幼獣と親。夜の森でグルグルと鳴く鳴き声は、知らないと不気味。

9月に生まれた子は生後45日で巣から顔を出し始め、2か月で外に出るようになる。

リス科／モモンガ属

ニホンモモンガ (ホンドモモンガ)
Pteromys momonga / Japanese flying squirrel

体色 灰色型と褐色型がある。夏毛の背面の体毛は茶褐色、冬毛は淡灰褐色。腹面は白色。目の周りは黒褐色。

耳介 幅が広い。

目 顔に占める面積の割合が比較的大きい。

尾 扁平で胴より短い。尾を背中に乗せることが多いので「尾かつぎ」と呼ばれることもある。滑空の方向舵としても使う。

頭胴長 145〜172mm。

手足 間に飛膜をもつが、ムササビと異なり後足と尾の間には膜がない。

後足長 35〜38mm。

糞 細長い。

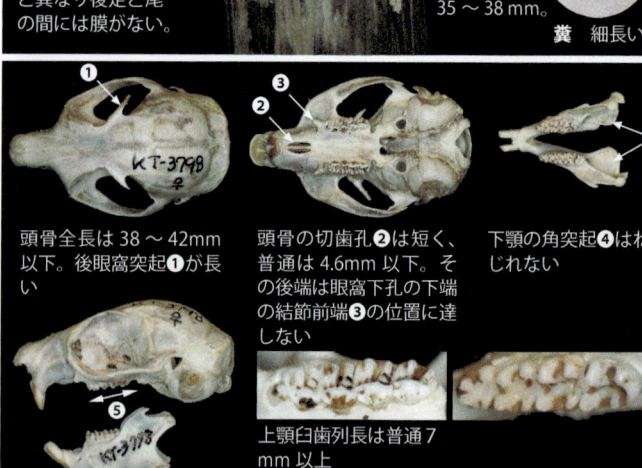

頭骨全長は 38〜42mm 以下。後眼窩突起❶が長い

頭骨の切歯孔❷は短く、普通は 4.6mm 以下。その後端は眼窩下孔の下端の結節前端❸の位置に達しない

下顎の角突起❹はねじれない

上顎の臼歯列長❺は長い

上顎臼歯列長は普通 7mm 以上

陰茎骨は非常に幅広く短い。またねじれている

本州、四国、九州に分布する日本固有種。里山〜亜高山帯まで生息している。樹上性で地上に降りることはほとんどない。同じ夜行性のムササビより、小型で素早いため、観察できる機会は少ない。前足と後足の間の飛膜を使って滑空する。樹洞や巣箱を巣として利用する。冬眠はしない。冬期は何頭かまとまって巣を使うことが多い。

丹沢(神奈川県)の森では、調査用の鳥の巣箱にモモンガが入り込んでいることがある。この巣材はスギの樹皮。

生息環境 ムササビが生息する場所より比較的高度の高い森林に生息する。巣として使用する樹洞が多い、ブナやスギなどが生える混交林を好む。時として山小屋や神社などの天井裏にすみつくこともある。

グルルルという非常に小さい声でよく鳴く。

神奈川県丹沢で巣箱に入っていたモモンガの子ども。2回目の繁殖の子どもである。すでに目は開き、体毛も生えそろっている。出産は春。

爪の力は強く、スギの木で頭を下にして上り下りしていた。

飛行は大変素早く、巣から出ても追いかけるのは困難。100m以上滑空可能。

エゾモモンガ（タイリクモモンガ）
Pteromys volans orii / Siberian flying squirrel

体色 夏毛の背面は淡褐色、冬毛は灰褐色に換毛。ムササビよりも毛長は短く、密。腹面は白色。大きな目の周りは黒褐色。

耳介 毛は短い。

尾 扁平で頭胴より短い。滑空中の方向転換の舵としても使う。

手足 間に飛膜をもつが、ムササビと異なり後足と尾の間には膜がない。

頭胴長 101〜169mm。　**後足長** 33〜35mm。

糞 樽型

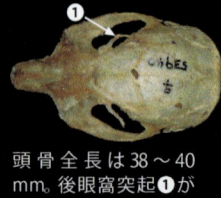

頭骨全長は38〜40mm。後眼窩突起❶が長い

頭骨の切歯孔❷は歯隙長の1/2より長く、普通4.7mm以上。その後端は眼窩下孔の下端の結節前端の位置❸より後方に位置する

下顎の角突起❹はねじれない

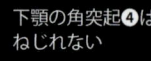

上顎臼歯（前臼歯と臼歯）列長は短く、普通7mmに満たない

ユーラシア北部に分布するタイリクモモンガの亜種。日本では北海道に分布する。ニホンモモンガと大きさはほとんど同じで、生態もそれほど変わらない。前足と後足の間にある飛膜を使って滑空し、地上に降りることはほとんどなく、樹上で生活する。年2回、春と夏に繁殖する。1産に1〜5頭を産み、メス単独で育児を行う。冬季は保温のため、同じ巣で複数頭がまとまっていることが多い。

生息環境 里山〜奥山の落葉広葉樹ならびに常緑針葉樹の森に生息。街中の防風林などでも見かける。繁殖期のメスの行動圏は巣を中心として1haで、メスどうしで重複せず、オスは2haでメスと一部重複する。

滑空速度は非常に速く、薄明かりが残っていなければ観察不可能。巣穴は樹洞やキツツキの古巣を使う。その高さはさまざまで、地上80cmほどの低い樹洞を利用していることもある。

滑空距離は約100m。決まった時間に飛行し、日没後まだ明かりが残るハルニレの花穂を毎晩訪れた。

木の実、芽、種子、花穂、きのこなどを食べる。秋にはドングリを食べて脂肪を蓄え、越冬する。

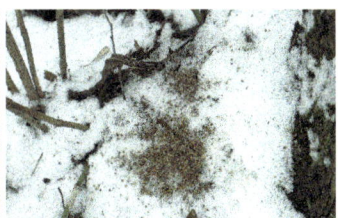

糞と食べカスが同じ所にある。冬にこのような場所を見つけておくことが、観察のポイントになる。

エゾシマリス（シマリス） RL 情報不足

Tamias sibiricus lineatus / Siberian chipmunk

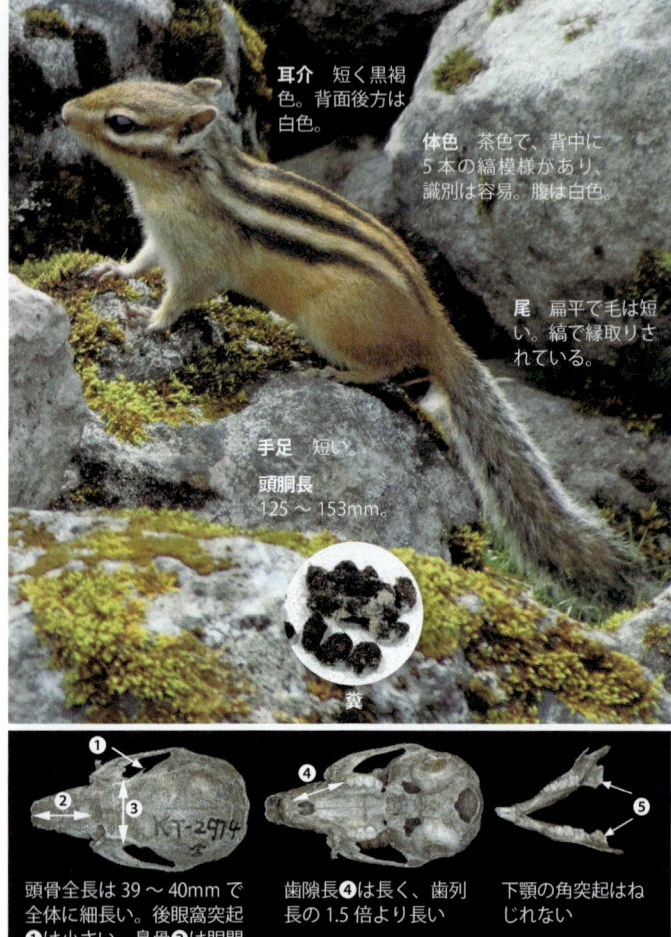

耳介　短く黒褐色。背面後方は白色。
体色　茶色で、背中に5本の縞模様があり、識別は容易。腹は白色。
尾　扁平で毛は短い。縞で縁取りされている。
手足　短い。
頭胴長
125～153mm。
糞

①
②
③
KT-2974

頭骨全長は39～40mmで全体に細長い。後眼窩突起①は小さい。鼻骨②は眼間部の幅③よりもかなり長い

④

歯隙長④は長く、歯列長の1.5倍より長い

⑤

下顎の角突起はねじれない

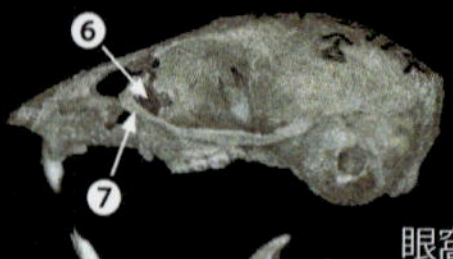
⑥
⑦

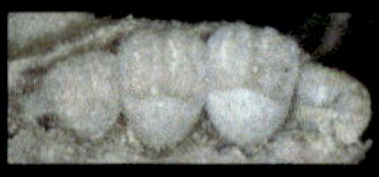

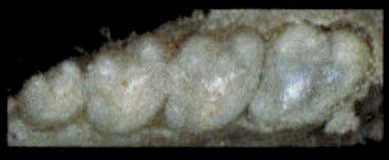

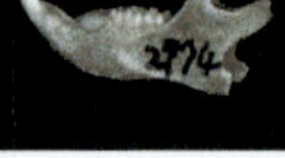
2974

眼窩下孔⑥は比較的大きく、咬板⑦を突き抜けている

ユーラシア大陸北部に広く分布し、北海道にすむものはシマリスの亜種である。地上性で海岸〜大雪山のような高山の森林帯にすむ。冬になると地下に 3.5 m を超える穴を掘って、リス科で唯一冬眠する。昼行性だが天敵（キツネ、オコジョ、ワシタカ類）も多いため、早朝によく活動する。

生息環境 開けた明るい森を好む。大雪山では明るい岩穴の多い岩石地帯でよく見かける。巣穴として樹洞を使用するが、繁殖や冬眠は地下の巣も使う。

ほおの内側には、ドングリが 6 個も入るほお袋をもつ。雑食性で木や草の実や昆虫、鳥の卵や雛も食べる。

冬眠期間はオスで 170 日、メスで 200 日とメスの方が長い。冬眠中呼吸数は 20 秒に 1 回となり、38 ℃あった体温は 8 ℃まで低下する。オスは 10 月下旬頃冬眠に入る。オスがメスより先に冬眠から覚め、外でメスが出てくるのを待って交尾する。メスは 5 〜 6 月に 1 産に 1 〜 6 頭産む。

巣には岩穴や樹洞を使う。

木に登り、地上をジャンプして移動することも多い。

秋になるといくつかの巣に餌や枯葉を運び込んで冬眠に備える。

ヤマネ科／ヤマネ属

ヤマネ
Glirulus japonicus / **Japanese dormouse**

耳介 小さく、黒色に縁どりされる。前面には背中の毛と同色の長い毛が生える。

体色 背面に黒い縞状のストライプが、頭から尾の基部に見られる。背面は肌褐色。腹面は淡肌褐色。目の周りは黒色。

宮崎産濃色型

頭胴長
66～93mm。

手足 短く、指先が外側を向いていて、枝を渡るときはぶら下がることが多い。

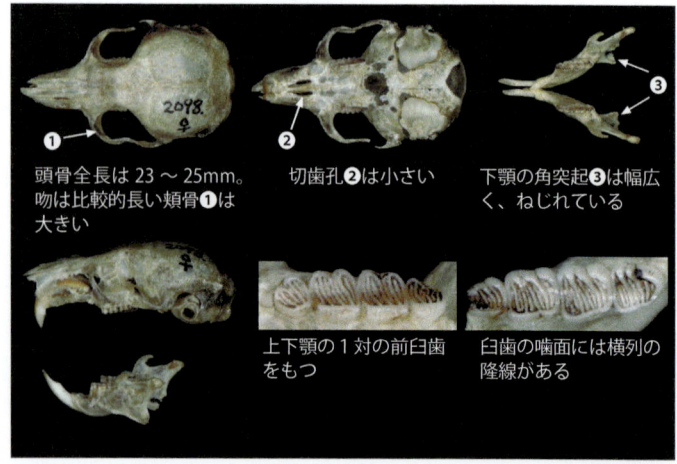

頭骨全長は23～25mm。吻は比較的長い頬骨❶は大きい

切歯孔❷は小さい

下顎の角突起❸は幅広く、ねじれている

上下顎の1対の前臼歯をもつ

臼歯の噛面には横列の隆線がある

30

本州、四国、九州に分布する。日本固有種。南方の個体ほど茶色みが濃い。夜行性・樹上性で山地〜亜高山地帯の森林にすむ。樹上を巧みに這い回り、若葉、花の蜜、種子、果実、昆虫、小鳥の卵を食べる。樹洞や鳥の巣箱にコケを敷きこんで営巣する。冬季になると丸くなって、冬眠する。

尾 扁平で頭胴より短い。背と同色で光沢のある毛が生える。

生息環境 里山の雑木林〜亜高山帯の森林まで広く生息する。

秋、アケビを食べるために逆向きになって枝を伝ってものすごい速さでやってきた（群馬産淡色個体）。

巣箱に入っていた、コケを使ったヤマネの巣。

小鳥の巣箱で見つけた、生まれて数日の目のあいていない赤ん坊。背中は黒い。

外気温が 12 〜 14℃になると、ヤマネは 0℃まで体温を下げ、低体温を維持し冬眠する。ただし気温が − 7℃以下になると目覚め、凍死を防止する。

31

ネズミ科／ヤチネズミ属

エゾヤチネズミ（タイリクヤチネズミ）
Myodes rufocanus bedfordiae / Gray red-backed vole

体色 背面は暗灰褐色。腹面はアイボリー系の白色。

耳長 13〜15mm。

頭胴長 100〜130mm。

後足長 18〜21mm。

前足下面　　後足上面　　後足下面

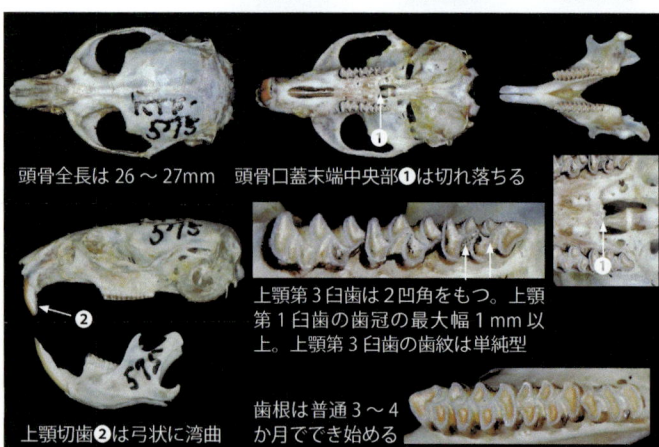

頭骨全長は26〜27mm　　頭骨口蓋末端中央部❶は切れ落ちる

上顎第3臼歯は2凹角をもつ。上顎第1臼歯の歯冠の最大幅1mm以上。上顎第3臼歯の歯紋は単純型

上顎切歯❷は弓状に湾曲

歯根は普通3〜4か月ででき始める

スカンジナビア〜ロシア東部、東北アジアまで広く分布するタイリクヤチネズミの亜種。日本では北海道に分布する。湿気の多い林床を好み、夜行性。落ち葉の下に深さ5cm以内の複雑なトンネルをつくり、食料を貯食することもある。1 ha で200頭を超える大発生を周期的に起こし、造林木に食害を与えることもある。エキノコックス症の中間宿主、ハンタウイルスの保有種でもある。冬は冬眠をしないで、雪の下で活動している。巣を中心とした直径20 m内外が行動範囲。

尾 短く、尾長43〜55 mm。

生息環境 草原、牧草地、防風林、造林地、カシワ林などの広葉樹林下のササが密生した場所でよく見られる。

毛色変異個体 洞爺湖付近には全身黒毛の個体（写真左）がすみ、最近、石狩市生振で白毛で黒眼個体（写真右）が捕獲された。

植物食でカラマツなどの樹皮を食べ、地下につくられた巣へ種子などを運び込むこともある。春には昆虫なども食べる。5〜7月にはタケノコ、7〜10月はエゾヨモギ、スゲ、ノガリヤス、カヤ、10〜11月は種子やササ芽、冬は雪の下でササを食べる。

落葉腐葉土の下によく潜り込み、トンネルを構築する。繁殖期は春と秋の年2回。妊娠期間19〜20日。1産に1〜8頭産む。生まれた子の50％が1か月以内に死ぬ。3か月後では70％の死亡率。澄んだチーチーという声でよく鳴く。

ムクゲネズミ RL 準絶滅危惧

Myodes rex / Dark red-backed vole

耳介 耳長12〜15mm。迎珠は低い。

尾 比較的長い。上面濃色、下面淡色、毛が密生している。尾長50〜60mm。

体色 毛が長く、背面は暗褐色、腹面はクリーム色。黒い毛が混じる。背中と体の色区別がしにくい。利尻島産の個体は世界最大のヤチネズミで、背面の赤色の縦帯が消え、体毛はむくげ状を呈する。

後足 後足長19〜23mm。25mmよりは短い。指球は6個。

頭胴長 120〜140mm。

頭骨全長は28〜30mm。大きい

頭骨口蓋末端中央部❶は切れ落ちる

上顎第3臼歯の内側凹角は通常3凹角。成長にともない歯根を生じる

吻は下方向に下がり、上顎切歯❷は比較的細い

下顎第3臼歯の外側凹角は深く、内側凹角の深さと同じ。第1臼歯の歯冠の幅は1mm以上

千島、カラフト、北海道に分布し、利尻島のほか、大雪山系、日高山脈などの高山帯にも生息する。天塩、ニセコ、礼文島の低地などでも生息が確認されている。エゾヤチネズミ(p.32)に酷似しているが、第3臼歯のパターンで区別できる。草食性のエゾヤチネズミよりも草木の種子を好んで食べる。はじめ、リシリムクゲネズミが利尻島、ミヤマムクゲネズミが日高山地に分布する別種として発表された。

生息環境 ササや草地が混在したような放耕地、造林地、針葉樹、広葉樹の天然林などに生息。エゾヤチネズミが好む笹が生えているような場所には生息せず、すみ分けている。かつては高地にのみ生息していると思われていたが、標高20mの場所での生息が報告されている。

体色はエゾヤチネズミより暗色である。冬期雪の下で樹皮や枝を食害する。活動は夜行性で植物繊維や種子、果実などを中心とした植物食だが、昆虫なども食べる。エゾヤチネズミと違い、ジージーと低い声で鳴く。

ネズミ科／ヤチネズミ属

ミカドネズミ（ヒメヤチネズミ）
Myodes rutilus mikado / Small red-backed vole

耳介 小さく、わずかに体毛から外に出る。耳長 11〜13mm。

体色 背面はレンガ色を帯びた褐色。体側面は褐色。腹面はアイボリー系の白色。

頭胴長 85〜96mm。

後足 小さく、後足長 17〜18mm。

糞

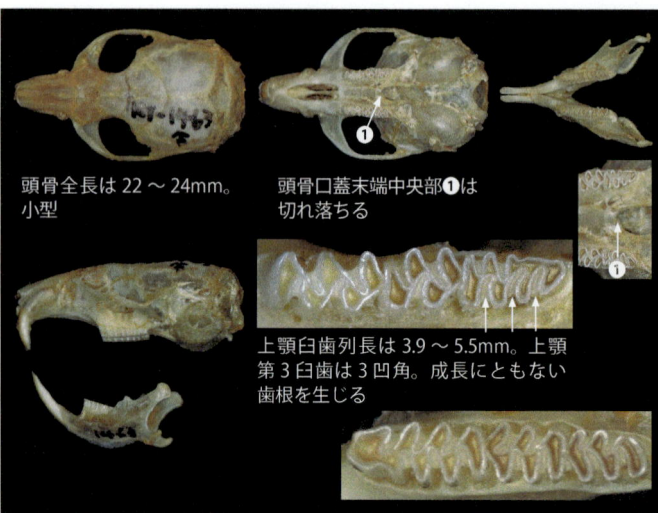

頭骨全長は 22〜24mm。小型

頭骨口蓋末端中央部❶は切れ落ちる

上顎臼歯列長は 3.9〜5.5mm。上顎第 3 臼歯は 3 凹角。成長にともない歯根を生じる

36

旧北区（ユーラシア～極東アジア）、新北区（アラスカ～カナダ北東部）にまたがって広く分布する。日本には北海道にのみ分布し、ヒメヤチネズミの亜種とされている。夜行性でエゾヤチネズミと同じような場所で暮らすがより小型で、エゾヤチネズミよりは乾燥した草地を好み、低地～亜高山帯まで分布している。

尾 短く、毛が生えウロコ状、尾の上面は暗褐色、下面はアイボリー系白色で境界は明瞭。長さ33～40mm。

生息環境 ハンノキ類やイタヤカエデ、カンバ類など、落葉広葉樹林帯の下草の密生した場所を好む。

地下に穴を掘って暮らし、枝をつたって木にもよく登る。巣は地中や木の根元につくり、複雑なトンネルを構築。基本的には葉、種子、果実を食べる植物食だが、昆虫などの小動物、ナメクジなども食する。樹木を食害しない。ジュージューという濁った声で鳴く。繁殖期は4～10月で、妊娠期間は19日。1産に1～6頭産む。当年生まれは未成熟で繁殖しない。

ネズミ科／ビロードネズミ属

ヤチネズミ
Eothenomys andersoni / Anderson's red-backed vole

耳長 11〜13mm。

体色 背面は茶褐色。腹面は灰褐色で淡黄色も混じる。

頭胴長 80〜100mm。

本州北部産（トウホクヤチネズミ）
E. a. andersoni

前足

後足 後足長17〜20mm（本州北部産）。指球は6個。

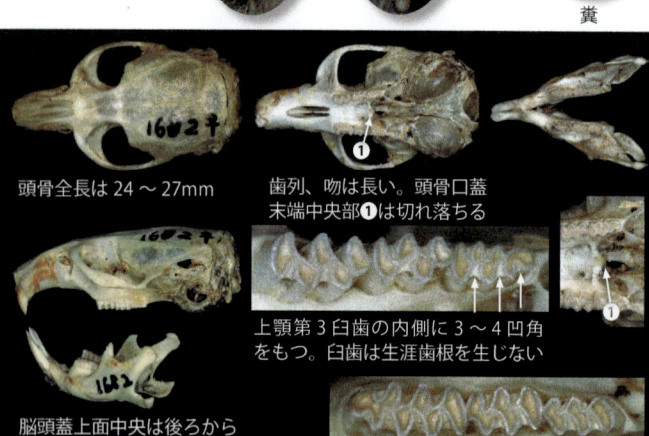

糞

頭骨全長は24〜27mm

歯列、吻は長い。頭骨口蓋末端中央❶は切れ落ちる

上顎第3臼歯の内側に3〜4凹角をもつ。臼歯は生涯歯根を生じない

脳頭蓋上面中央は後ろから見て盛り上がる

日本固有種。スミスネズミに似ているが、より大きい。分布は飛び地的に和歌山県南部ならびに本州の中部（低山～高山帯）以北～東北地方（低地～高山帯）にすむ個体群がいる。形態によって3種もしくは3亜種に分けられたこともある。その場合、東北地方にすむものをトウホクヤチネズミ、本州中部にすむものをニイガタヤチネズミ、紀伊半島にすむものをワカヤマヤチネズミと称する。

尾 頭胴より短い。長さ40～55 mm（本州北部産）。

生息環境 本州では平地～高地まで生息する。森林の谷地や岩場などを好んですむ。

同じような場所にすむスミスネズミより尾が長く、乳頭数も多いのが相違点。本州での繁殖期は夏だが、紀伊半島では冬～春にかけて出産する。

ネズミ科／ビロードネズミ属

耳長 12〜15mm。

尾長 65〜70mm。

本州中部地方の亜高山帯にすみ、エゾヤチネズミに似るが、背面の赤みが強い。

後足長 17〜19mm。

頭胴長 100〜116mm。

本州中部産（ニイガタヤチネズミ）
E. a. niigatae

生息環境 山梨県南アルプス北沢峠（標高2032m）付近の生息場所。コケむした岩穴が点在する場所で見られた。

巣は地下30〜40cmにつくられ、直径約3cmのトンネルで地上につながる。巣のそばに食料庫を備え、根を切って貯蔵している。

頭骨全長は26〜28mm。大きく、吻は長い

聴胞❶は比較的大きい

歯列は長い

頭蓋上面中央は後方から見て丸く膨らむ

臼歯は終生歯根を生じない

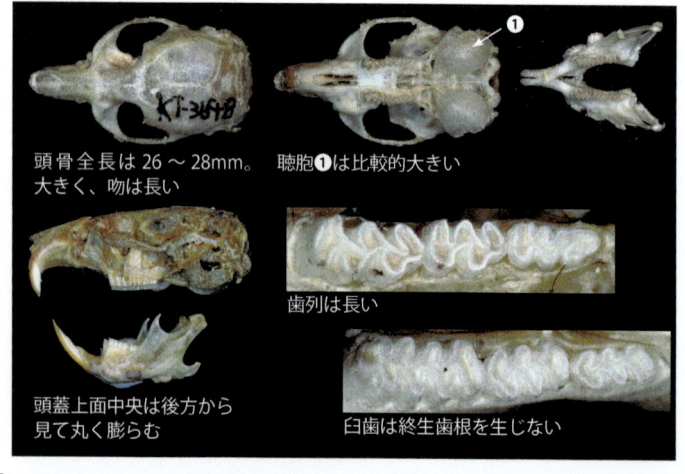

40

耳長
13〜15mm。

紀伊半島にすみ、3種類のなかでは一番大きく尾も長い。岩がごろごろするような沢沿いに多く見られる。

尾長 65〜75mm。

後足長
19〜21 mm。

紀伊半島産（ワカヤマヤチネズミ）
E. a. imaizumii

糞

頭胴長 110〜120mm。

生息環境 和歌山の紀伊半島南部では低地の森林で岩礫の多い場所に生息する。

ワカヤマヤチネズミの親子。和歌山県では冬から春にかけて1〜5頭を産む。

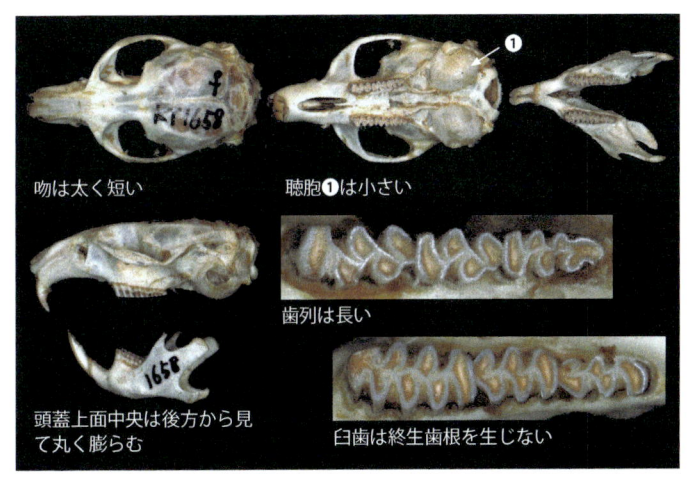

吻は太く短い

聴胞❶は小さい

歯列は長い

頭蓋上面中央は後方から見て丸く膨らむ

臼歯は終生歯根を生じない

41

ネズミ科／ビロードネズミ属

スミスネズミ RL 準絶滅危惧
Eothenomys smithii / Smith's red-backed vole

体色 背面は茶褐色〜暗褐色で、腹面はオレンジ色がかった淡黄色。色も体型も個体変異が大きい。

耳長 10〜14mm。

吻 尖らず丸い。

頭胴長 85〜110mm。

後足長 15〜18mm。

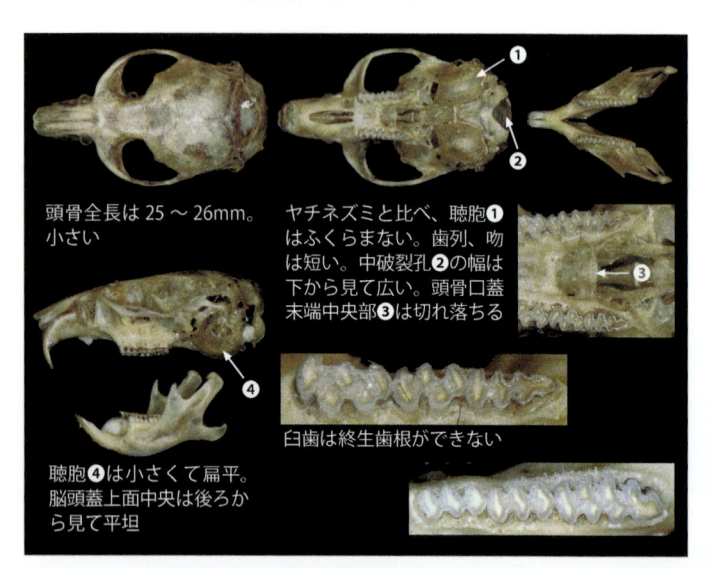

頭骨全長は 25〜26mm。小さい

ヤチネズミと比べ、聴胞❶はふくらまない。歯列、吻は短い。中破裂孔❷の幅は下から見て広い。頭骨口蓋末端中央部❸は切れ落ちる

聴胞❹は小さくて扁平。脳頭蓋上面中央は後ろから見て平坦

臼歯は終生歯根ができない

日本固有種。本州（新潟・福島県以南）、四国、九州に分布し、低山帯〜高山帯までの森林や隣接した農地に生息する。南の個体の方が体は大きい。夜行性で葉や芽、果実、ドングリなどを食べる植物食。四国、九州では農林業の害獣でもある。六甲山（兵庫県）での発見者、ゴードン・スミス（イギリスの博物学者）にちなんで名づけられた。関東地方に生息する個体は乳頭数が2対で、別種カゲネズミ *E. kageus* とされたことがある。

尾長 36〜55 mm。

生息環境 山地の森林にすみ、沢沿いの礫地を好む。

植物食で、葉が緑の部位、種子を食べる。繁殖は、南方では春秋の2回、北方では夏の1回。

ネズミ科／ハタネズミ属

ハタネズミ
Microtus montebelli / Japanese field vole

耳介 トンネル内で暮らすために小さく、毛の中に埋まっている。耳長 10〜14.5 mm。

体色 背面に赤みがなく灰褐色、ないし灰淡黄色で、腹面は灰白色。個体変異が大きい。体毛はビロード状。

糞

頭胴長 106〜125mm。

前足 爪は長く、前足長 3.5mm。

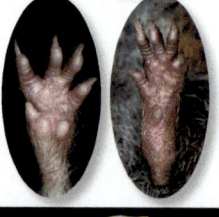

後足 後足長 18〜19 mm。肉球の数は5個。6個ならばハタネズミ、スミスネズミ、ヤチネズミの可能性もある。

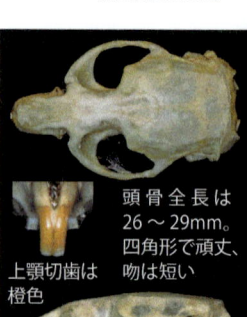

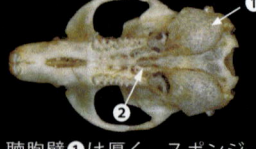

上顎切歯は橙色

頭骨全長は 26〜29mm。四角形で頑丈、吻は短い

聴胞壁❶は厚く、スポンジ状。頭骨口蓋末端中央部❷は2つに分かれる
翼状骨間窩の前端❹は第3臼歯の中央より前方に位置する

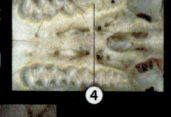

終生無根歯。臼歯の凸角は鋭角。上顎第3臼歯の内側には3凹角がある

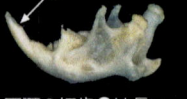

下顎の切歯❸は長い

44

日本固有種。本州と九州の低山〜高山までの草原が多い農耕地、河川敷、造林地、牧草地に広く分布し、地下にトンネルを掘り、中に巣をつくって暮らしている。地表から地中約 50cm までの深さにつくられたトンネルの形状は複雑で、モグラのトンネルにもつながり、共用している。植物食でイネ科や作物の根や茎を食害し、大発生をすることもあり、農林業に被害を与えている。耳介に着いているダニの１種であるツツガムシによってリケッチア症が媒介されるので注意が必要だ。

尾 やや短く、尾長 34 〜 46 mm。

生息環境 草原的な環境を好む。

春先、雪が消えた地面に現れた、ハタネズミが使ったトンネルの跡。

モグラのトンネルの中に構築された、できかけのハタネズミの巣。

モグラのトンネルを使うハタネズミ。冬になるとトンネルの中に食物を貯蔵する。イネ科やキク科の食物を食べ農作物を食害する農害獣となっている。

ネズミ科／マスクラット属

マスクラット ※外来種
Ondatra zibethicus / Maskrat

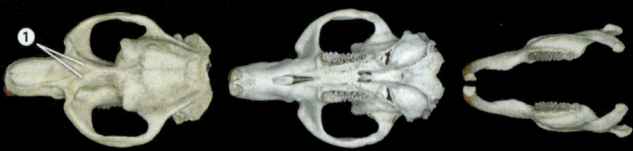

耳介 小さく、20〜25mm。

体色 黒色系茶褐色。体毛は柔らかく密生し短毛。

頭胴長 200〜300mm。
前足 前指は4本、白く鋭い長い爪
後足 後足長60〜80mm。後指は5本で、縁にそって水かきの手助けをする剛毛が密生。

食性 水生植物のヨシ、ガマ、ヒツジグサの茎や地下茎の他、エビや小魚、貝も食べる。

尾 泳ぐ時にはオールの役目も果たし、縦に平たく、尾長170〜250mmと長い。毛は生えていない。

糞 直径5mm、長さ13mm。

（撮影／三浦貴弘）

頭骨全長は65〜70mmで、頑強で大型。吻は長い。ハタネズミの頭骨に似る。左右の隆起❶が眼間部で接する

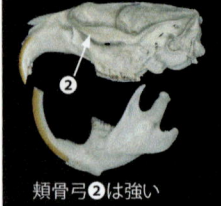

頬骨弓❷は強い

上顎第3臼歯は単純型。成獣の臼歯は歯根がある。上顎の第3臼歯の内側に2凹角をもつ。三角はすべて閉じる

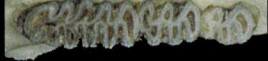

水棲の大型ネズミ。北米原産で、戦時中にパイロットの防寒衣服用に江戸川で飼育されたものが野生化した。ヌートリアより小型。埼玉県幸手市、春日部市、越谷市の水路や田に少数が繁殖しているが、行徳（千葉県）にいたものは絶滅したようである。東京都葛飾区の水元公園でも、たびたび姿は発見されているが減少気味。肛門腺の分泌物がジャコウ（musk）の香りに似ていることからこの名がつけられた。

生息環境　水系に暮らし、水辺の芦の繁茂した環境にすむ。

通常時速 2.2 〜 4.4km の速さで泳ぎ、速い時は時速 6.6km に達することもある。最大 17 分間の潜水も可能。（撮影／三浦貴弘）

ネズミ科／トゲネズミ属

アマミトゲネズミ
RL 絶滅危惧 IB 類

Tokudaia osimensis / Amami spiny rat

耳介 耳長 21 〜 25 mm。針状毛は耳にはない。

体色 背面と体の側面は暗茶褐色、腹面は灰白色。沖縄の個体より赤みが弱い。

体毛 針状毛の先端部は黒色、基部は暗白色。針状毛の長さは約 20 mm で体全体を覆う。口や目の上の触毛は長く約 30 mm。

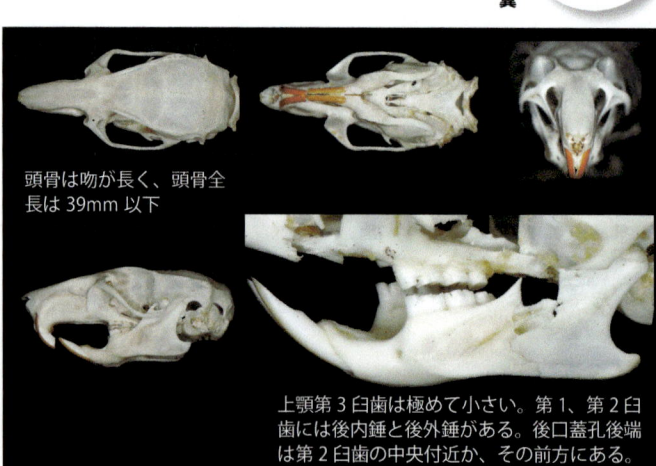

後足長 32 〜 34mm。

頭胴長 120 〜 140mm。

糞

頭骨は吻が長く、頭骨全長は 39mm 以下

上顎第 3 臼歯は極めて小さい。第 1、第 2 臼歯には後内錘と後外錘がある。後口蓋孔後端は第 2 臼歯の中央付近か、その前方にある。

日本固有種。奄美大島に分布する。オキナワトゲネズミより小型で、体に針状毛をもつ。広葉樹二次林およびシイの原生林に生息する。夜間に林道を歩く姿をよく目撃する。ハブの攻撃を受けると60cm近く跳ねて身を守る。ハブの毒に対する耐毒性ももっている。シイの実や植物の種子を食べるが、アリやその幼虫も食べる。夜行性、地上性で木には登らない。夜間に1〜2時間の周期的な活動を繰り返す。

左：カシ、右：シイ

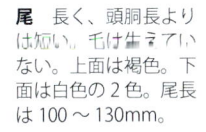

尾 長く、頭胴長よりは短い。毛は生えていない。上面は褐色。下面は白色の2色。尾長は100〜130mm。

生息環境 常緑広葉樹のシイ林の実にかなり依存している。同じところにあるカシの実は食べない。

食性は雑食。イタジイの実や雑穀、アリなども食べる。繁殖は10〜12月に行われ、1産に1〜4頭産む。森林伐採やノネコやノイヌ、マングースにより、捕食され減少が続いている。隣の島に生息するトクノシマトゲネズミとは、200〜600万年前に分化したと考えられている。

ネズミ科／トゲネズミ属

オキナワトゲネズミ RL 絶滅危惧IA類
Tokudaia muenninki / Okinawa spiny rat

耳長 22〜24mm。

体色 背面と体の側面は暗茶黄褐色、腹色は灰白色わずかに淡黄色を帯びる。アマミトゲネズミより背中は黒い。

頭胴長 147〜160mm。

後足長 34〜37mm。

尾長 104〜120mm。

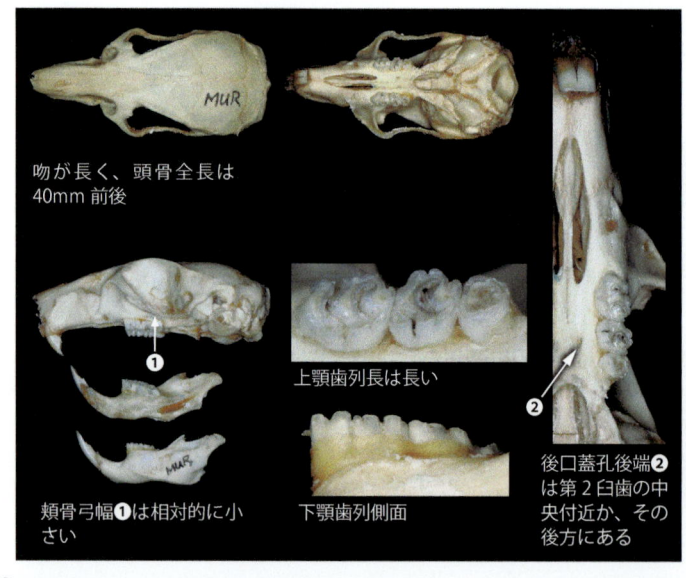

吻が長く、頭骨全長は40mm前後

頬骨弓幅❶は相対的に小さい

上顎歯列長は長い

下顎歯列側面

後口蓋孔後端❷は第2臼歯の中央付近か、その後方にある

日本固有種。沖縄島に分布する。針状毛をもち、飛び跳ねるように移動する生態は、他のトゲネズミとほとんど変わらない。琉球列島にすむトゲネズミ属の中で、比較的早く分化したと考えられている。マテバシイやイタジイ、マツの実を好むが、雑食性で谷地のサワガニやヤンバルマイマイなども食する。アマミトゲネズミに比べて全体に大型で色も黒みが強い。夜行性で地上性。夜間1～2時間、周期的に活動と休息を繰り返す。

生息環境 標高300m以上のヤンバルの森の樹齢30年以上のイタジイの林に依存する。国は、1979～91年までこの貴重な森を24km^{2}にわたって伐採した。

背面の針上毛は黒色と黄褐色の柔毛が混ざる。体の上側はアマミトゲネズミに比べてより黒い。（撮影／湊和雄）

ネズミ科／トゲネズミ属

トクノシマトゲネズミ　RL 絶滅危惧IB類
Tokudaia tokunoshimensis / Tokunoshima spiny rat

体色　背面と体の側面は暗茶褐色、腹色は灰白色。

耳長　22〜24mm。

頭胴長　160〜170mm。　　**後足長**　34〜38mm。

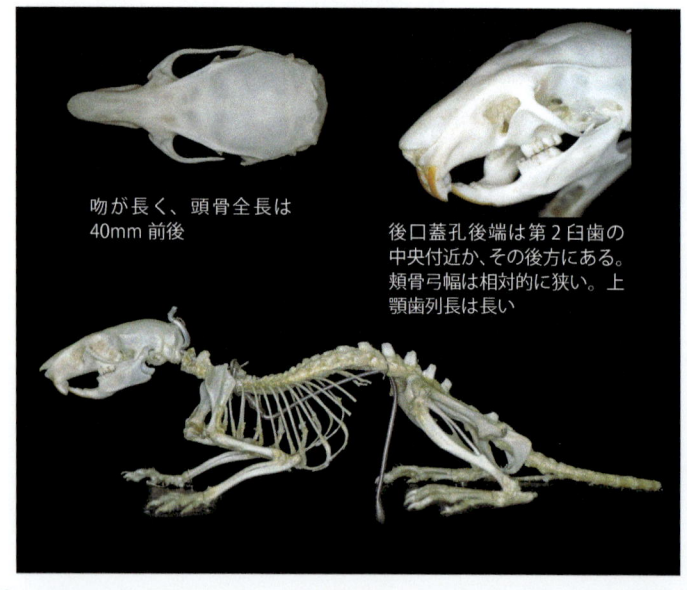

吻が長く、頭骨全長は40mm前後

後口蓋孔後端は第2臼歯の中央付近か、その後方にある。頬骨弓幅は相対的に狭い。上顎歯列長は長い

日本固有種。体に針状毛をもつ。3種類の中で一番体が大きい。鹿児島県徳之島に分布し、北部〜南部までの常緑広葉樹森に生息している。カンガルーのような、垂直方向への抜群のジャンプ力をもち、跳躍の高さは60cmにも及び、ハブの攻撃から逃れている。夜行性で地上性。徳之島の三京国有林の調査では、同一場所で雌雄を捕獲したが、生息数は少なかった。秋にシイの実が熟して落下したものを食べ、栄養をつけてから繁殖行動をすると考えられるが、まだ何もわかっていない。

尾 長く、尾長116〜118mm。

トゲネズミは北部から南部の照葉樹林の森の中で暮らしている。

生息環境 常緑広葉樹のシイ林に暮らす。主な食べ物はシイの実。秋に実を食べて繁殖する。

ロードキルでの死体も林道では見られた。ノネコの糞の中にトゲネズミの体毛が入っていることも多い。

53

ネズミ科／カヤネズミ属

カヤネズミ
Micromys minutus / Harvest mouse

耳長 9～12mm。

体色 背面は明るいオレンジ系褐色。腹面は白色。

吻 短い。

頭胴長 54～69mm。

前足 手の掌球は茎をつかみやすくなっている。

後足長 15～16mm。

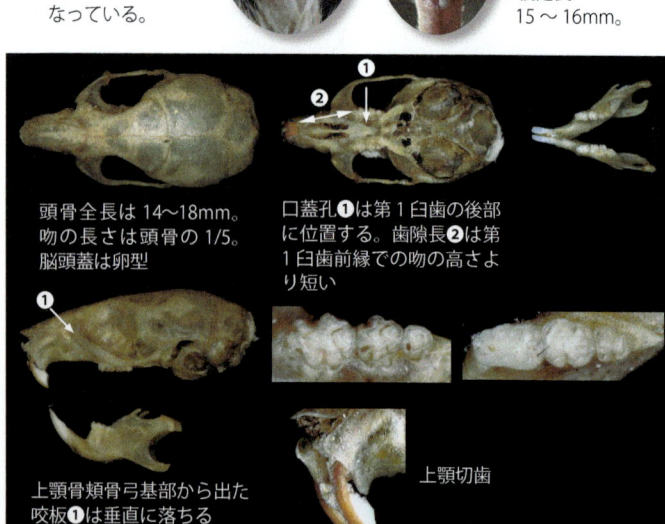

頭骨全長は14～18mm。吻の長さは頭骨の1/5。脳頭蓋は卵型

口蓋孔❶は第1臼歯の後部に位置する。歯隙長❷は第1臼歯前縁での吻の高さより短い

上顎骨頬骨弓基部から出た咬板❶は垂直に落ちる

上顎切歯

54

ユーラシア大陸に広く分布し、日本では本州中部以南〜九州に分布する。日本で一番小型のネズミ。体重は9〜16g、500円硬貨とほぼ同じ。水田、畑、休耕田、河川敷などの背丈の高い葉の多い草原、イネ科やカヤツリグサ科の繁茂した湿地に球形の巣をつくり、繁殖する。尾を巧みに操り、細い草を移動する。泳ぎも巧み。近年の耕地整理や護岸工事で生息域が減少している。

尾 長い。尾長63〜91mm。尾の先端部には毛がなく、小枝に草に巻きつかせても滑らない構造。

生息環境 ススキやチガヤを巣材として使うため、これらの植物が繁茂する場所に多い。

2m以下の位置に巣をつくる（写真左）。大きさは握りこぶし大。1つの巣をつくるのに4〜5時間かかる。ススキなどを裂いて茎の途中に編み上げてつくり、生息地にとけ込んでいる。九州では繁殖は春と秋の年2回、関東では夏の1回。妊娠期間17〜18日で、1産に1〜8頭を産む。イネ科の種子や小昆虫を食べて暮らしている。家の中に入ることはなく、草原でひっそり暮らしている。冬は地下のトンネルで暮らす。オスの行動圏は400m^2、メスは350m^2。

ネズミ科／アカネズミ属

カラフトアカネズミ（ハントウアカネズミ）
Apodemus peninsulae giliacus / East Asian field mouse

耳長 13〜15mm。

体色 背面は赤みのうすい暗褐色で腹面は灰色。背面の体毛は柔らかい。

頭胴長 92〜108mm。

尾 長く、尾長92〜101mm。

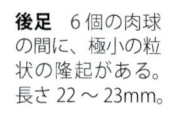

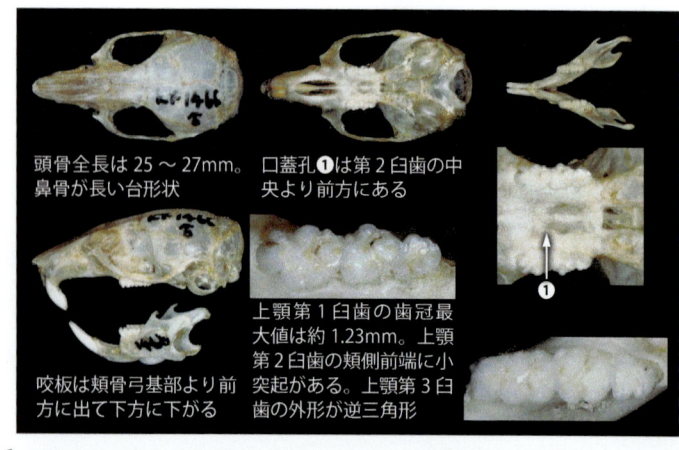

後足 6個の肉球の間に、極小の粒状の隆起がある。長さ22〜23mm。

糞

頭骨全長は25〜27mm。鼻骨が長い台形状

口蓋孔❶は第2臼歯の中央より前方にある

咬板は頬骨弓基部より前に出て下方に下がる

上顎第1臼歯の歯冠最大値は約1.23mm。上顎第2臼歯の頬側前端に小突起がある。上顎第3臼歯の外形が逆三角形

ハントウアカネズミはシベリア、中国東北部・華中部、朝鮮半島、北海道、サハリンに分布し、北海道にすむ個体はその亜種でカラフトアカネズミと呼ばれる。アカネズミより小型でヒメネズミより大きい。水田、畑、休耕地、牧草地の境目の草地や海岸のお花畑などにすむ。アカネズミがいる森林にはすまない。夜行性で地上性。雑食性でマツやミズナラの種子、果実、昆虫などを食べる。簡単なトンネルを掘って地上にも、地下にも巣をつくる。ハンタウイルスをもっている可能性が高い。

生息環境 夏は畑の中で暮らしていることが多く、森じゃ姿は見ない。心になると牧場の垣根のやぶなどに入り込む。8月にカボチャ畑、9月に水田で多く捕獲されている。

上：エゾアカネズミ（p.60）
下：ハントウアカネズミ

アカネズミより小型で、捕まえると鳴く。

繁殖期は4〜8月と推測される。アカネズミは鳴かないが、本種はよく鳴く。

落葉広葉樹の枯葉を集めて巣をつくり、1産に1〜8頭を産む。

ネズミ科／アカネズミ属

アカネズミ
Apodemus speciosus / Large Japanese field mouse

体色 背面は褐色からレンガ色、腹面は白色。

耳介 大きい。耳長 13 〜 16 mm。

頭胴長 120 〜 135mm。

後足 後足長 22 〜 27 mm。22 mm 以上あるのがヒメネズミとの相違。後足の肉球には鱗状の突起がなく、明瞭である。

前足

糞

頭骨長は 28 〜 32mm。脳頭蓋は丸く、吻は細長い。鼻骨は長い

上顎第 2 臼歯❶は大きく第 3 臼歯❷は小さく、歯冠は円形

口蓋孔❸は第 2 臼歯の中央より後方にある

58

日本を代表するネズミで日本固有種。全国に分布し、低山〜高山帯までの森林、畑、田、河川敷などさまざまな環境に生息する優占種。黒部川と天竜川を境界にして、東側には性染色体数 2n=48、西側には 2n=46 の個体が分布する。夜行性で地上生活者。同じような場所にすみ、樹上生活をするヒメネズミとすみ分けている。多くの肉食動物の餌にもなり、生態系維持のための重要な位置を占める。捕まえても鳴かない。

尾 長いが物には巻きつかず、頭胴長とほぼ等しい。長さ 70 〜 130mm。上面焦茶色、下面白色。

食痕 クルミの実をかじった痕。円形の穴が開く。

生息環境 低地〜高山までの下草、特にササ類が密生しているところを嗜好する。

写真は生後直後の子で、よく鳴き、2日目には口ひげが生え始め、3日目には体の赤みが消えた。11日目には体毛が生え始めた。

生後約 25 〜 30 日の親子。生後 4 か月経てば繁殖可能になる。

地中に巣をつくり、北海道では夏、京都では春、秋、九州では晩秋〜初春に繁殖。

雑食で根茎部、種子、昆虫などを食べる。樹上生活が得意でなく、地表や倒木の上を駆け回る。

アカネズミは色や形の違いから、細かく以下のような亜種に分ける考えもある。染色体数の違いから本州中部地方の富山〜浜松線より東に 2n=48、西に 2n=46 の個体が分布するが、遺伝子の違いは認められていない。

エゾアカネズミ
Apodemus speciosus ainu

北海道に分布し、大型で、尾が長く、ほぼ頭胴長と同じ長さ。開発の進んだ山林周辺の草原に多い。

頭胴長 106〜135mm。　　**尾長** 102〜136mm。

ミヤケアカネズミ
Apodemus speciosus miyakensis

三宅島の照葉樹林内に普通にすむ。他のアカネズミより全身が細い。普通は赤みが強く、胸部もオレンジ色。

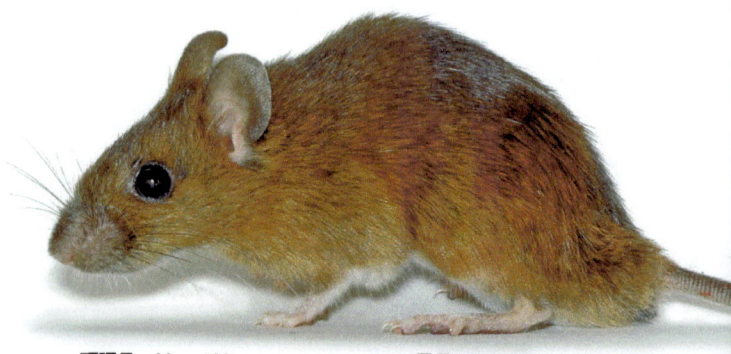

頭胴長 99〜103mm。　　**尾長** 85〜91mm。

アカネズミ *Apodemus speciosus*

和名・学名	分布	特徴
ホンドアカネアズミ *A. s. speciosus*	本州、四国、九州	後足長は 23 〜 25mm、尾は短い
エゾアカネズミ *A. s. ainu*	北海道	大型で後足長は 26mm 以上、尾は長い
サドアカネズミ *A. s. sadoensis*	佐渡島	後足長 24mm、ホンドアカより背面の赤みが強い
オオシマアカネズミ *A. s. insperatus*	伊豆大島	後足長は 25mm 以上、大型
ミヤケアカネズミ *A. s. miyakensis*	三宅島	後足長は 24mm、細い体で、赤みが強い
オキアカネズミ *A. s. navigator*	隠岐	後足長 25mm、体は大きく、背面暗色
ツシマアカネズミ *A. s. tusimaensis*	対馬	ホンドアカと同大、後足長 25mm
セグロアカネズミ *A. s. dorsalis*	屋久島、種子島、トカラ列島中之島	ホンドアカと同大、背面暗色

ミヤケアカネズミは三宅島の山林内にごく普通にすむ野ネズミだ。しかし、最近はネズミ防除の目的で放したホンドイタチが増えてしまい、個体数が減少している。捕獲許可を得てシャーマントラップを仕掛けて生け捕りを試みても、見回りを頻繁に実施しないと捉えたネズミをイタチが食べてしまう。このため、シャーマントラップの入り口にはストッパーを取り付けて、押しただけでは開かないようにしなければならない。

ネズミ科／アカネズミ属

ヒメネズミ
Apodemus argenteus / Small Japanese field mouse

耳長 12〜16mm。

目 アカネズミより小さい。

体色 背面は暗褐色。腹面は白色。

髭 きわめて長く肩まで達する。

体 アカネズミより小柄で鼻先が尖っている。

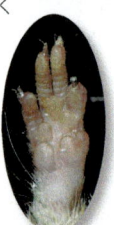

後足長 17〜22mm（北海道産は20mm未満）。

頭胴長 72〜99mm。

前足　後足　　　　糞

頭骨全長は23〜25mm。小型だが、吻は長く、基部で細くなる。側頭稜はない

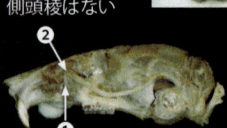

咬板の前縁❶は上顎骨の頬骨弓❷の基部より前方に出ないで、垂直に下がる

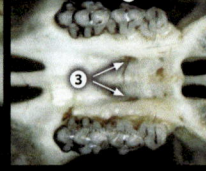

上顎切歯

口蓋孔❸は第2臼歯❹の中央より後方にある

日本固有種。北海道〜九州に分布する。長い尾でバランスをとりながら非常に巧みに木登りする。樹洞や小鳥の巣箱に、木の葉やコケを敷き詰め、巣として利用することが多い。アカネズミと違い、樹に登ることが巧みで、立体的な行動圏をもつ。雌雄共同で子育てを行う。定住性はオスの方が強く、番が形成されている時は、オスが子どもを連れて歩くことが多い。捕まえるとよく鳴く。

尾 非常に長く、74〜108 mm。頭胴長より長い。

生息環境 低地〜高山までの落葉層の多い森林を好む。

中にはドングリや種子が貯食されていた。

小鳥の巣箱を横取りして、枯葉を敷き詰め、巣をつくっていた。雑食性だが、繁殖期には昆虫食の傾向が強い。生息場所により年1〜2回の繁殖をする。1産に2〜5頭を産む。

冬になると地中に木の実を埋め込んで貯食する。食べられなかった種子は翌年発芽し、森を拡充するのに役立っている。

63

ネズミ科／アカネズミ属

セスジネズミ RL 絶滅危惧IA類
Apodemus agrarius / Striped field mouse

耳長 14.5mm。

体色 背面は黄褐色で背中の中央部には黒い縞模様がある。腹面は白色。

体重 56.4g。

後足長 24.6mm。

頭胴長 130.9mm。

背中中央部に黒い筋状の模様がある。

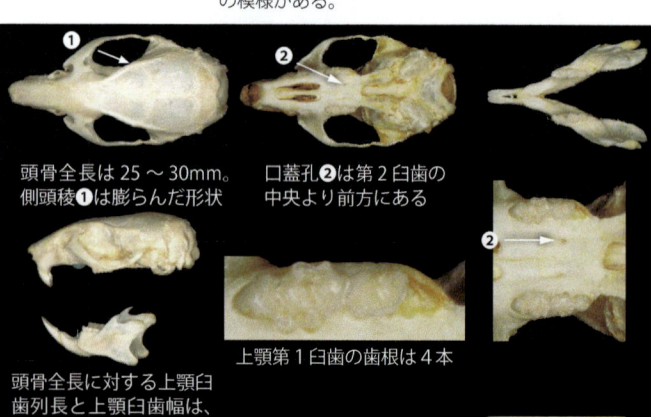

糞

頭骨全長は25〜30mm。側頭稜❶は膨らんだ形状

口蓋孔。❷は第2臼歯の中央より前方にある

上顎第1臼歯の歯根は4本

頭骨全長に対する上顎臼歯列長と上顎臼歯幅は、台湾産・済州島産に比べて長い（1970年の採集個体）

ユーラシア〜朝鮮半島にかけて広く分布し、日本では琉球列島の尖閣諸島のみに生息している。アカネズミに酷似するが、背中中央部に黒い筋状の模様がある。1970年に1頭、1979年に2頭、魚釣島西側の奈良原岳の海岸に近い林縁部にある、開けた傾斜地で捕獲された。

尾 尾長118.5mm。長いが、頭胴長よりは短い。

生息環境 写真は尖閣諸島魚釣島西側のビロウ林とリュウキュウススキを主とした生息地。(撮影/白石哲)

シャーマントラップにて捕獲されたセスジネズミを観察する調査隊の九州大学白石哲博士。(撮影/荒井秋晴)

捕獲されたセスジネズミ。魚釣島では本種の他にクマネズミ、ドブネズミの生息が確認されている。(撮影/白石哲)

1978年に持ち込まれた2頭のヤギが繁殖を繰り返し、すでに300頭以上を超え、本種の生息地の草地を裸地化させ、セスジネズミの生存が危ぶまれる。(撮影/白石哲)

コウライセスジネズミ 尖閣諸島のセスジネズミと亜種関係にある。尖閣諸島産に比べ、体色がアカネズミに近く小型。

ネズミ科／クマネズミ属

ドブネズミ
Rattus norvegicus / Norway rat

耳介 耳、目は小さい。耳を折りたたんでも目までかぶらない。耳長18〜21 mm。

糞 先が尖った長さ13〜19mmの長楕円形。太さ6mm。まとめて排泄する。

体色 暗褐色ないし灰褐色。腹面は灰白色。短毛。

頭胴長 140〜200mm。

前足　**後足** 後足長34〜37 mm。上面は白色。

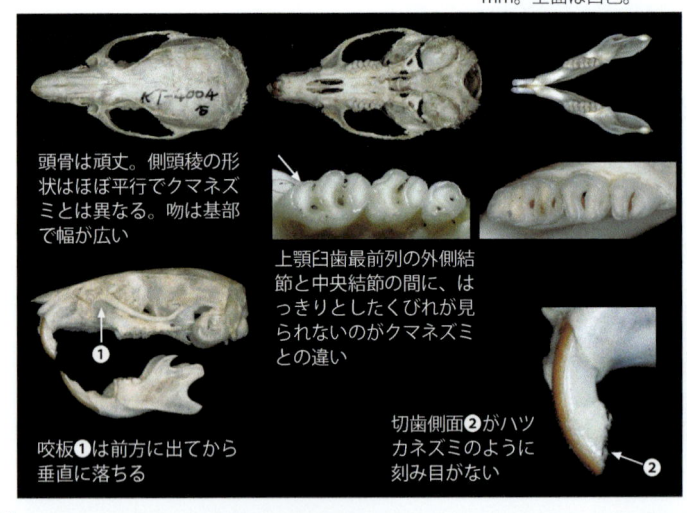

頭骨は頑丈。側頭稜の形状はほぼ平行でクマネズミとは異なる。吻は基部で幅が広い

上顎臼歯最前列の外側結節と中央結節の間に、はっきりとしたくびれが見られないのがクマネズミとの違い

咬板❶は前方に出てから垂直に落ちる

切歯側面❷がハツカネズミのように刻み目がない

66

世界に広く分布し、日本全国に分布する。家ネズミの中で、最も人間になじみのあるネズミ。クマネズミより大きく、体重も重い。耐寒性がある。性質は荒く、攻撃的で共食いもする。下水管の中、コンクリートの空間などで営巣。病原菌の宿主であり、またケーブルを囓って火災を起こしたりする害獣。主に夜行性だが昼間も活動する。雑食性で、泳ぎは巧み。キーキーとよく鳴く。

尾 尾長 130 〜 216 mm、頭胴長よりも短い。

生息環境 湿った環境を好み、都会の土管、排水路、河川敷などにすむ。その他には耕作地や崖などの斜面に 5 〜 10cm ぐらいの穴を複数あけ、連結させて営巣する。

地表を歩くことが多い。都会では屋根裏を歩くクマネズミとはすみ分けている。行動圏は 30 〜 70m 以内。

23 〜 116Hz の超音波を使い、コミュニケーションする。ストレスを与えるとよく鳴く。

通年繁殖するが春、秋がピーク。妊娠期間は 21 〜 24 日。1 産に 1 〜 10 頭を産み、子は 3 週間すると繁殖が可能になる。

人怖じせず、都会の繁華街で、早朝出されたゴミから脂身を狙って徘徊する。動物食を好み、尿から窒素を排泄するため、水分補給が欠かせない。そのため湿気のある場所を好む。

ネズミ科／クマネズミ属

ニホンクマネズミ
Rattus tanezumi / Black rat

耳介 耳長21〜23mm。折り曲げると目まで被る。

体色 背面は黒灰色ないし暗灰褐色。腹面は黄褐色で白色ではない。

前足

後足上面

後足下面

頭胴長 150〜175mm。

後足 後足長30〜32mm。前後足の上面に暗色紋がある。

糞 長さ8〜13mmの長楕円形。太さ5mm以下。歩きながら排泄するので、散らばってバラバラに落ちている。

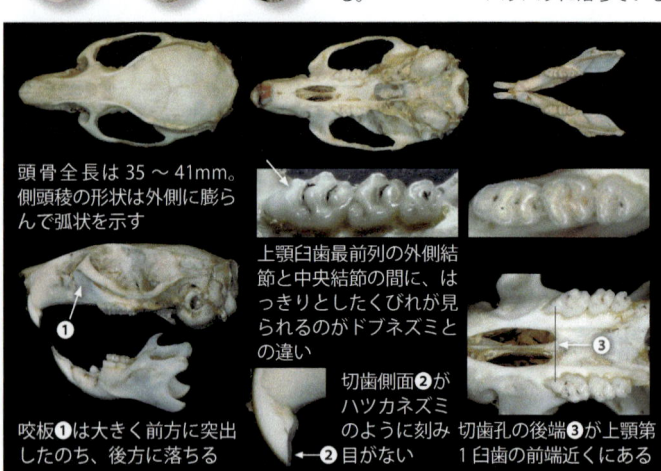

頭骨全長は35〜41mm。側頭稜の形状は外側に膨らんで弧状を示す

上顎臼歯最前列の外側結節と中央結節の間に、はっきりとしたくびれが見られるのがドブネズミとの違い

咬板❶は大きく前方に突出したのち、後方に落ちる

切歯側面❷がハツカネズミのように刻み❷目がない

切歯孔の後端❸が上顎第1臼歯の前端近くにある

東南アジアに分布し、日本全国に分布する。警戒心が非常に強い。夜行性だが昼間でも活動し、乾燥した屋根裏で活動する家ネズミ。地上しか動き回れないドブネズミとはすみ分けている。肉球が滑りにくい構造のため、ビルの鉄管でも巧みに上り下りできる。都会のビル群にもすみつくようになってきた。捕まえても鳴かない。時にかんきつ類の樹に登り樹皮を食害する。

食痕

尾 尾長 155～190 mm、頭胴長よりも長い。

生息環境 鉄管を伝っても滑らないので、空調が完備した都会のビル群にも進出。ビルの配管や電線を伝わって移動する。

壁などを通る際、体毛がこすれてできた黒色の通り道は、「ラットサイン」と呼ばれる。

背中には長い剛毛を混生する。

雑食性で、種子や果実を食べ、動物は好まないが、ゴキブリや昆虫は食べる。

年中繁殖するが、東京では夏に繁殖活動が活発化する。1産に1～8頭を産む。

ネズミ科／クマネズミ属

ヨウシュクマネズミ ※外来種
Rattus rattus / Ship rat

ヨーロッパに広く分布し、南北アメリカ、オーストラリア、ニュージーランド、ニューギニアなどにも分布を拡げている。ニホンクマネズミより大型で、小樽港の倉庫にすみつき、小笠原諸島では両種が混生する。

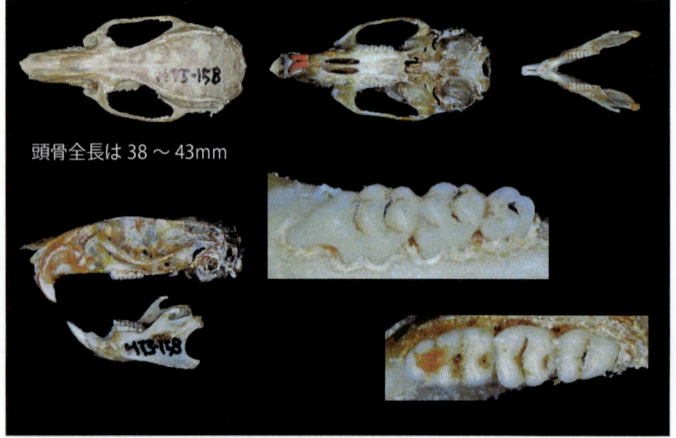

耳介 長さ23〜25mm。

体色 背面は黒色〜灰白色、腹面は白色まで体色は変化が多い。

頭胴長 175〜210mm。 **後足長** 34〜36mm。

生息環境 港に近い穀物倉庫など、暗い屋内に生息している。

尾長 200〜240mm。

頭骨全長は38〜43mm

70

ナンヨウネズミ ※外来種
Rattus exulans / Polynesian rat

東南アジア、ニュージランド、太平洋諸島に分布し、人家にすむ。船などに紛れ込んで入ってきたと思われ、日本では宮古島で1955年に見つかってはいたが、分布報告は2001年になってからである。

耳長 15〜17mm。

体色 背面は暗褐色で黒色がかり、腹面は灰白色。

尾長 120〜150mm。

頭胴長 105〜125mm。

後足 後足長22〜24mm。甲外よりの足首付近に暗色部が見られる。

生息環境 おそらく船舶から逃げ出したものだろうが、生態は不明。東南アジアでは家屋内にすむ。

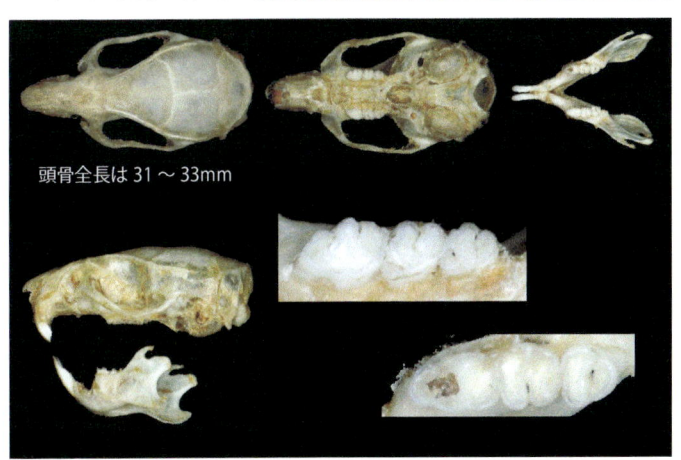

頭骨全長は31〜33mm

ネズミ科／クマネズミ属

ネズミ科／ケナガネズミ属

ケナガネズミ RL 絶滅危惧IB類
Diplothrix legata / Ryukyu long-furred rat

耳 長さ25〜29mmと小さい。

体色 背面は茶褐色。腹面は暗褐色。背中には50〜60mmの長い剛毛が生え、なおかつ25mmほどの針状毛をもつ。

体重 450〜990g。小型の猫の大きさで、日本最大のネズミ。

手足の上面はベージュ色。下面は灰色。

頭胴 長さ250〜280mm。

尾 頭胴長よりも長い尾をもつ。基部から3/5までは暗褐色、先端は白色。3〜4mmの毛で被われる。

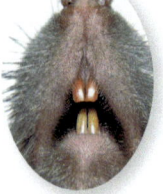

後足 木を登り下りするために鉤状の爪は鋭く、強大。55〜60mm。

口部　前足

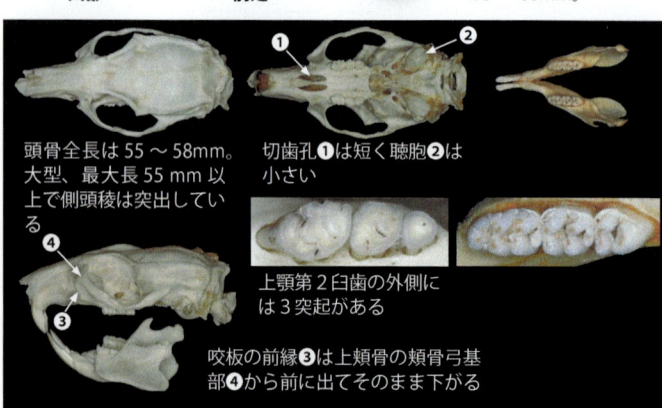

頭骨全長は55〜58mm。大型、最大長55mm以上で側頭稜は突出している

切歯孔❶は短く聴胞❷は小さい

上顎第2臼歯の外側には3突起がある

咬板の前縁❸は上顎骨の頬骨弓基部❹から前に出てそのまま下がる

日本固有種。奄美大島・徳之島・沖縄島に分布する。子ネコ大で、日本に生息するネズミの中では最大種。夜行性で、地上でも樹上でも活動する。シイなどの種子のほか、サツマイモや昆虫なども食べる雑食性。警戒心は少ない。樹上でギャアーギャアーと鳴くこともある。

生息環境 奄美大島では住用町の三人掛峠近く、アラカシやスダジイの常緑広葉樹林帯に生息する。

道路脇の地上に2頭で降りて、この時は数日間同じ場所で観察できた。樹上に直径30cmほどの球形の巣を構築する。秋から冬かけて繁殖する。

奄美大島ではリュウキュウマツの種子を食べていた。

樹上での活動は俊敏ではないが、スムーズに走破。

ネズミ科／ハツカネズミ属

ニホンハツカネズミ
Mus musculus molossinus / Japanese house mouse

耳介 大きく、長さ 10～13mm。

体色 変化に富むが背面は茶褐色で体毛は柔らかい。腹面は白色で毛の基部は淡灰色。

体重 10～16g。

頭胴長 63～92mm。

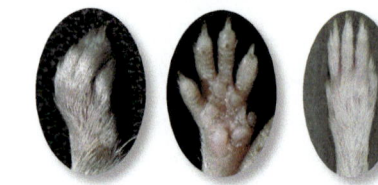

前足

後足 後足長14～17mm。足の下面は淡色。

糞

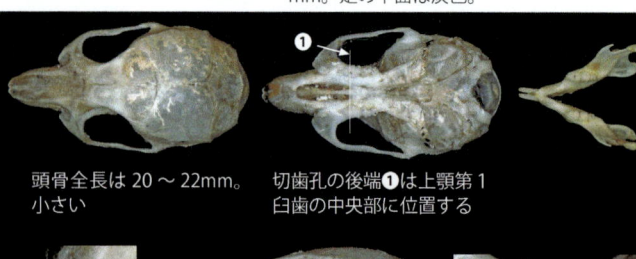

頭骨全長は20～22mm。小さい

切歯孔の後端❶は上顎第1臼歯の中央部に位置する

上顎切歯先端部❷に凹んだ刻み目がある。上顎切歯はやや下後方を向いている

鼻骨は長く、切歯より前方❸に出る

上顎臼歯

下顎臼歯

ユーラシア・北アフリカに広く分布し、日本では全国に分布する。家ネズミの中では一番小さく、低地〜山地の田、畑、休耕田、牧場、河川、荒地、森林、草地などにすむ。北海道の牧場などでは牛舎や鶏舎の餌に依存することもある。冬季に人家に侵入し、納戸などに新聞紙などをちぎって営巣し、人を困らせる。実験用のハツカネズミは野生種の飼養変種で、愛玩動物としても用いられる。小型のネズミ属をマウスと呼び、クマネズミ属のような大型のネズミをラットと呼び分けている。いずれも病理の解明に役立っている。独特の焦げ臭い体臭をもつ。

尾 短い。尾長 53〜66mm。

生息環境 人のすむところに依存して生活している。鶏舎や倉庫の中、家屋周辺の草地や畑にすむ。雑食で穀類を食するが、穀物倉庫などにすむ害虫となる小昆虫も食べる。古語の「はつか」=「小さい」から、はつかねずみと呼ばれている。

ニホンハツカネズミの毛色変異個体 江戸時代にヨーロッパに輸出された。日本では滅びたが、オランダから森脇和郎博士が持ち帰り、実験動物「JF1」という系統にして保存した。ペットショップでは「パンダマウス」と呼ばれる。

オキナワハツカネズミ
Mus caroli / Ryukyu mouse

耳介 大きく、倒すと眼に届く。

体色 背面は暗褐色、腹面は純白色。腹面の体色の境界がはっきりしているので、沖縄にすむ普通のハツカネズミとも区別しやすい。

頭胴長 74〜79mm。

体重 9〜18g。

後足上面

後足下面 後足長 16〜18 mm。手足下面は黒色。

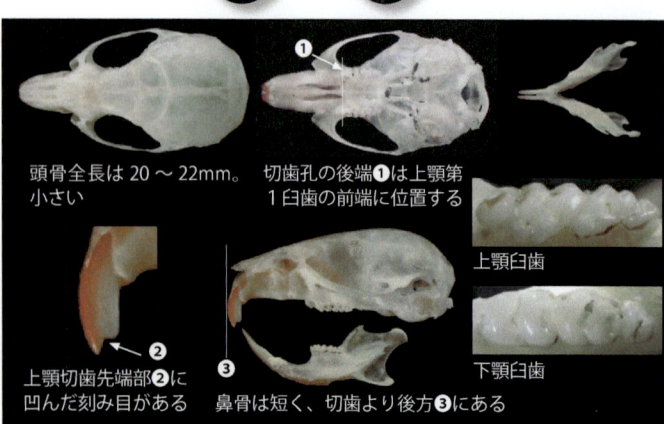

頭骨全長は 20〜22mm。小さい

切歯孔の後端❶は上顎第1臼歯の前端に位置する

上顎切歯先端部❷に凹んだ刻み目がある

鼻骨は短く、切歯より後方❸にある

上顎臼歯

下顎臼歯

東南アジアに分布し、日本では沖縄島のみに分布する。沖縄島は本種の分布北限地。サトウキビを中心とした畑や農耕地にトンネルを掘って暮らしている。人家にはすまない。畑周辺の草むらや人家などには，ハツカネズミやジャコウネズミがすむが混在しない。ハツカネズミとよく似ているが、足の下面の色がハツカネズミは肌色で，オキナワハツカネズミは暗色なので、明確に区別できる。

尾 上面は茶褐色。下面は白色の2色。尾長は89〜93mm、頭胴よりも長い。

1990年代ごろ、中国で野生のハツカネズミを調査していたとき、海南島の野外で捕獲されたハツカネズミは、尾が長くて足の裏が黒いことに気がついた。よく調べてみたらそれらはすべてオキナワハツカネズミだった。当時の中国の図鑑では「ハツカネズミ」となっていて、オキナワハツカネズミは記載されていなかった。中国の研究者に別種であることを伝えると、すぐに理解してくれたがずいぶん困っていた。図鑑記載者が訂正をしないと、オキナワハツカネズミと同定することができないと言うことだった。

生息環境 サトウキビ畑に多く、水田、畑、荒地、草地などで穴を掘って暮らす。

ヌートリア科／ヌートリア属

ヌートリア ※外来種
Myocastor coypus / Nutria

耳介 体が大きいわりには小さい。耳長 25 〜 28 mm。

体色 背面は暗褐色で体毛は剛毛で粗い。

前足 ヒレはない。

頭胴長 400 〜 480mm。

後足 第 1 〜 4 指までの間にはヒレがあり泳ぐのに適している。第 5 指は分離。

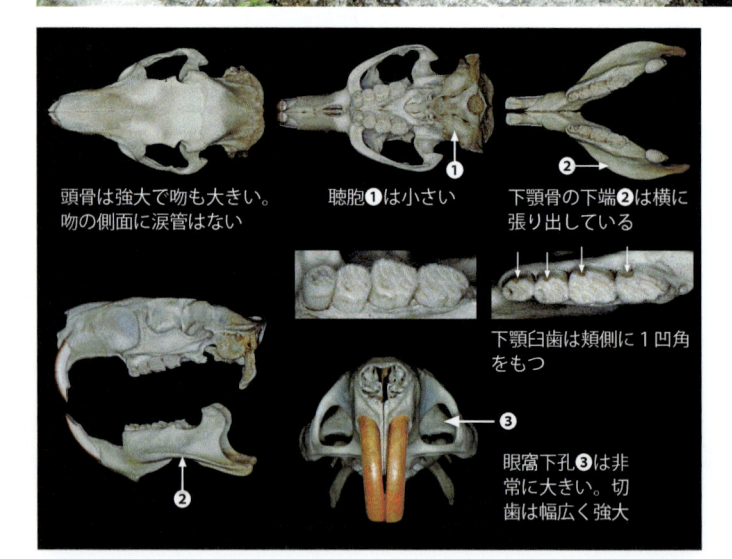

頭骨は強大で吻も大きい。吻の側面に涙管はない

聴胞❶は小さい

下顎骨の下端❷は横に張り出している

下顎臼歯は頬側に 1 凹角をもつ

眼窩下孔❸は非常に大きい。切歯は幅広く強大

78

水生の大型のネズミで、南米原産の移入種。本州と四国に分布する。1906年に上野動物園に輸入され、毛皮をとる目的で各地で養殖されていたものが逃げ出し、野生化した。青森県から山口県と徳島県を除く四国まで目撃記録があるが、西日本に集中して定着している。昼行性で泳ぎが得意。雑食性でガマ、ヨシ、ホテイアオイなどの水生植物の葉やドブガニを食べている。またイネや野菜を食べる害獣でもある。

尾 ビーバーのような扁平ではなく、筒状である。尾長350〜360mm。

生息環境 数は少ないが、河川敷やため池、用水路に現存している。

周年繁殖し、妊娠期間は130日で、1産に1〜13頭を年2回産む。

スピードは早くないが、ゆったりと泳ぐ。

ちょうど親の半分くらいの大きさの子どもが、親と行動をともにしていた。

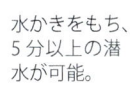

水かきをもち、5分以上の潜水が可能。

土手に穴を開けたり水生植物でプラットホームと呼ばれる浮巣をつくり営巣する。

カモが歩いたような水かきと爪の跡。

リス・ネズミの観察

■リスの観察

全国各地のリス園をはじめ、北海道の円山公園や帯広の公園、奥多摩の都民の森、長野県の公園では餌付けがされていて、リスを観察することが可能だ。

リスの活動時間は季節によっても変わるが案外遅く、春先はそれほど早くない朝からせいぜい10時くらいまで、その後いったん巣に入ってしばらく休息時間になってしまう。午後も活動はするが朝ほどではない。夏なら早朝〜夕方まで活動している。

冬は冬眠しないが、陽がのぼり暖かくならないと巣から出てこない。活動時間は夏よりさらに短い。

餌を食べているときや地中から餌を掘り出しているときは、リスに近づきやすく観察も容易だが、何もしないでリスの行動が止まっているときはリスが警戒していることが多い。

■ムササビの観察

ムササビがすめるのは大きな樹が生い茂る森だ。木の種類は問わない。そこで注目するのが山に隣接する大きな神社である。東京近郊では高尾山の薬王院や奥多摩の御嶽神社、箱根の大雄山最乗寺などでムササビの観察が可能だが、必ず社務所に承諾を得る。

観察用のライトには夜行性動物には影響が少ないと言われる赤いセロファンを必ず貼り、ムササビに照射する。するとムササビは警戒して固まってしまい動かなくなる。ただし、行動を阻害するような長時間、過度のライトを当てないようにする。またムササビに光を直接当てるのではなく、少しずらして当てることで、よりムササビが警戒しなくなる。夜行生動物にとってやはり光は行動を阻害する原因になるからだ。

夕闇が迫ってきたら、昼間目星をつけておいた樹洞のそばに分散して耳を澄ませる。グルウウウウという声が樹から聞こえてきたら、ムササビの活動が始まった合図。樹洞から出たムササビは排尿後直接そこから滑空することもあれば、さらに上に登って滑空することも多い。

樹洞の周りやお寺の屋根にはムササビが齧ったあとが、昼間なら観察できる。近年ムササビは住宅難で山の中の祠や人家の屋根裏に潜むこと

餌台での観察　落葉樹林でクルミが生えているような立地が観察地のねらい目。冬は落葉していて姿を見つけやすい。高さ1m位の木製の台をつくり、餌にヒマワリの実やクルミなどを置いて餌付ける。

日没後、巣穴から出てきたムササビは枝の上で一休み。

も多いので、そういった場所でもムササビが観察できるかもしれない。

■モモンガの観察

大型のムササビは比較的目につくのに比べて、特に本州ではモモンガはそう簡単には見つからない。それは夜行性で体が小さいことにもよるが、彼らの行動は俊敏で、追いかけてもあっという間に視界から消えてしまうからだ。鳴き声も小さく低い声でしか鳴かない。

北の森でのモモンガ探しは食痕を見つけることがポイントになる。モモンガは地上に降りないと言われるが、新雪の後見回ってみると、足跡と排尿した黄色いシミが雪の上には残されている。

巣の中をのぞくには、歯科用ミラーに小さなLEDライトを絡ませて巣穴を観察すると、巣穴が深くなければモモンガの背中を見つけることが可能だ。

■ヤマネの観察

ヤマネの生息している林に小鳥用の巣箱を掛けると利用する。落葉が入っているのはヒメネズミだが、コケや樹皮の細切したものが入っていたらヤマネだ。利用を確認できた巣の前で夕方ランプを用意して待つと、出巣後の行動を観察することができる。

■ネズミの観察

ドブネズミは、飲食店のゴミ袋に孔をあけ、人間が見ていても中の残飯を食べる。クマネズミは屋根裏などで活動することが多い。体に着いた油や汚れで、ラットサイン（通り道）という薄汚れた跡が、天井近い壁沿いについている商店が結構目につく。

これらのネズミは、人間がいなければ大胆に昼間でも活動するが、本書で示したような野山にすむネズミは捕食者を避けてほとんど夜行性なので、観察は夜行うことになる。明るいうちに樹木の下で苔むしたところや草が生い茂っているところ数か所を選び、それぞれにヒマワリの実を20粒ほど置く。夜に見回って減っている場所があったら餌を追加して静かに出てくるのを待ち、照明用の懐中電灯やLEDライトに赤いフィルターをつけて観察する。おびき出し用のヒマワリの種や、オートミルの臭いに誘われてネズミが現れ、彼らがそれに慣れてくると、赤いライトの下での観察はより可能になる。

観察しにくいネズミ達だが、野山で骨を拾ったら種を同定したり、生態を観察して知ることで、狭い国土に多くのネズミ達が暮らしているのがわかり、その多様性に驚くだろう。

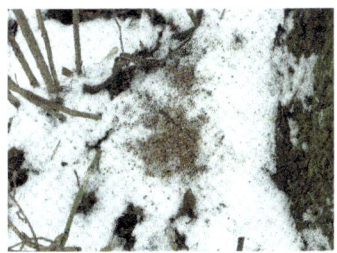

モモンガの食べかすと排尿痕。ここでハルニレの果穂を食べ、排尿した。

餌場を決めたら椅子などに座り、ネズミが出てくるのを静かに待つ。

81

ネズミ目（齧歯類）データ集

頁	科名	属名	和名・学名	
16	リス科	リス属	エゾリス	*Sciurus vulgaris orientis*
18			ニホンリス	*Sciurus lis*
22		ムササビ属	ムササビ	*Petaurista leucogenys*
24		モモンガ属	ニホンモモンガ	*Pteromys momonga*
26			エゾモモンガ	*Pteromys volans orii*
20		タイワンリス属	タイワンリス	*Callosciurus erythraeus thaiwanensis*
28		シマリス属	エゾシマリス	*Tamias sibiricus lineatus*
30	ヤマネ科	ヤマネ属	ヤマネ	*Glirulus japonicus*
32	ネズミ科	ヤチネズミ属	エゾヤチネズミ	*Myodes rufocanus bedfordiae*
34			ムクゲネズミ	*Myodes rex*
36			ミカドネズミ	*Myodes rutilus mikado*
38		ビロードネズミ属	ヤチネズミ	*Eothenomys andersoni*
42			スミスネズミ	*Eothenomys smithii*
44		ハタネズミ属	ハタネズミ	*Microtus montebelli*
46		マスクラット属	マスクラット	*Ondatra zibethicus*
48		トゲネズミ属	アマミトゲネズミ	*Tokudaia osimensis*
50			オキナワトゲネズミ	*Tokudaia muenninki*
52			トクノシマトゲネズミ	*Tokudaia tokunoshimensis*
54		カヤネズミ属	カヤネズミ	*Micromys minutus*
56		アカネズミ属	カラフトアカネズミ	*Apodemus peninsulae*
58			アカネズミ	*Apodemus speciosus*
62			ヒメネズミ	*Apodemus argenteus*
64			セスジネズミ	*Apodemus agrarius*
66		クマネズミ属	ドブネズミ	*Rattus norvegicus*
68			ニホンクマネズミ	*Rattus tanezumi*
70			ヨウシュクマネズミ	*Rattus rattus*
71			ナンヨウネズミ	*Rattus exulans*
72		ケナガネズミ属	ケナガネズミ	*Diplothrix legata*
74		ハツカネズミ属	ニホンハツカネズミ	*Mus musculus*
76			オキナワハツカネズミ	*Mus caroli*
78	ヌートリア科	ヌートリア属	ヌートリア	*Myocastor coypus*

分布 Distribution	北海道	本州 東北	本州 関東	本州 北陸・東海	本州 中部	本州 近畿	本州 中国	四国	九州	南西・小笠原諸島
北海道	●	★								
本州～九州		●	●	●	●	●	●	●	●	
本州～九州		●	●	●	●	●	●	●	●	
本州～九州		●	●	●	●	●	●	●	●	
北海道	●									
関東～九州			★	★	★	★	★		希	
北海道	●		★	★						
本州～九州		●	●	●	●	●	●	●	●	
北海道	●									
北海道	●									
北海道	●									
本州		●	●	●	●	●				
新潟・福島以南～九州			●	●	●	●	●	●	●	
本州、九州		●	●	●	●	●	●		●	
千葉、埼玉、東京			★							
奄美大島										●
沖縄ヤンバル地域										●
徳之島										●
宮城・新潟以南			●	●	●	●	●	●	●	
北海道	●									
北海道～九州	●	●	●	●	●	●	●	●	●	
北海道～九州	●	●	●	●	●	●	●	●	●	
尖閣諸島（魚釣島）										●
日本全土	●	●	●	●	●	●	●	●	●	★
日本全土	●	●	●	●	●	●	●	●	●	★
北海道（小樽市）、小笠原諸島（父島）	★									★
宮古島（宮古港）										★
沖縄島北部、奄美大島、徳之島										●
日本全土	●	●	●	●	●	●	●	●	●	★
沖縄（沖縄島）										●
		★	★	★	★	★	★	★	★	

●：自然分布、★：人為分布

頁	和名	頭胴長[※1] HB (mm)	尾長[※1] T (mm)	後足長[※1] HFsu (mm)	耳長[※1] E (mm)	体重[※1] BW (g)
16	エゾリス	226–253	167–198	58–63	28–33	260–385
18	ニホンリス	158–218	130–168	50–61	24–31	209–280
22	ムササビ	300–465	290–400	64–74	25–39	720–1200
24	ニホンモモンガ	145–172	116–128	35–38	21–23	80–122
26	エゾモモンガ	101–169	104–149	33–35	19–23	80–140
20	タイワンリス	190–247	165–200	47–54	20–22	254–369
28	エゾシマリス	125–153	96–132	34–37	15–19	73–99
30	ヤマネ	66–93	38–59	15–18	6–10	14–45
32	エゾヤチネズミ	100–130	43–55	18–21	13–15	25–50
34	ムクゲネズミ	120–140	50–60	19–23	12–15	31–55
36	ミカドネズミ	85–96	33–40	17–18	11–13	14–30
38	トウホクヤチネズミ	80–100	40–55	17–20	11–13	25–35
39	ニイガタヤチネズミ	100–116	65–70	17–19	12–15	22–39
40	ワカヤマヤチネズミ	110–120	65–75	19–21	13–15	29–43
42	スミスネズミ	85–110	36–55	15–18	10–14	19–30
42	カゲネズミ	83–110	35–51	14–18	9–13	17–25
44	ハタネズミ	106–125	34–46	18–19	10–13	19–47
46	マスクラット	200–300	170–250	60–80	20–25	600–1000
48	アマミトゲネズミ	120–140	100–130	32–34	21–25	109–160
50	オキナワトゲネズミ	147–160	104–120	34–37	22–24	164–187
52	トクノシマトゲネズミ	160–170	116–118	34–38	22–24	135–181
54	カヤネズミ	54–69	63–91	15–16	9–12	9–16
56	カラフトアカネズミ	92–108	92–101	22–23	13–15	24–37
58	アカネズミ	120–135	100–120	22–27	13–16	29–56
60	エゾアカネズミ	106–135	102–136	25–28	15–18	30–50
60	ミヤケアカネズミ	99–103	85–91	23–25	14–17	16–41
62	ヒメネズミ	72–99	74–108	17–22	12–16	16–20
64	セスジネズミ[※2]	130.9	118.5	24.6	14.5	56.4
66	ドブネズミ	140–200	130–170	34–37	18–21	158–340
68	ニホンクマネズミ	150–175	155–190	30–32	21–23	90–165
70	ヨウシュクマネズミ	175–210	200–240	34–36	23–25	156–190
71	ナンヨウネズミ	105–125	120–150	22–24	15–17	25–45
72	ケナガネズミ	250–280	325–330	55–60	25–29	450–990
74	ニホンハツカネズミ	63–92	53–66	14–17	10–13	10–16
76	オキナワハツカネズミ	74–79	89–93	16–18	12–13	9–18
78	ヌートリア	400–480	350–360	120–122	25–28	4000–11000

※1：数値は著者実測値、※2：尖閣諸島魚釣島産個体

歯式[※1] Dental formula	乳頭式[※1] Mammae formula
i1/1 c0/0 p2/1 m3/3=22	1+2+1=8
i1/1 c0/0 p2/1 m3/3=22	2+1+1=8　または　1+2+1=8
i1/1 c0/0 p2/1 m3/3=22	1+1+1=6　または　1+2+0=6
i1/1 c0/0 p2/1 m3/3=22	3+1+1=10　または　2+2+1=10
i1/1 c0/0 p2/1 m3/3=22	2+1+1=8
i1/1 c0/0 p2/1 m3/3=22	0+1+1=4
i1/1 c0/0 p2/1 m3/3=22	1+1+2=8
i1/1 c0/0 p1/1 m3/3=20	2+1+1=8
i1/1 c0/0 p0/0 m3/3=16	2+0+2=8
i1/1 c0/0 p0/0 m3/3=16	2+0+2=8
i1/1 c0/0 p0/0 m3/3=16	2+0+2=8
i1/1 c0/0 p0/0 m3/3=16	2+0+2=8
i1/1 c0/0 p0/0 m3/3=16	2+0+2=8
i1/1 c0/0 p0/0 m3/3=16	2+0+2=8
i1/1 c0/0 p0/0 m3/3=16	1+0+2=6
i1/1 c0/0 p0/0 m3/3=16	0+0+2=4
i1/1 c0/0 p0/0 m3/3=16	2+0+2=8
i1/1 c0/0 p0/0 m3/3=16	1+0+2=6
i1/1 c0/0 p0/0 m3/3=16	0+0+2=4
i1/1 c0/0 p0/0 m3/3=16	0+0+2=4
i1/1 c0/0 p0/0 m3/3=16	1+0+2=6
i1/1 c0/0 p0/0 m3/3=16	2+0+2=8
i1/1 c0/0 p0/0 m3/3=16	2+0+2=8
i1/1 c0/0 p0/0 m3/3=16	2+0+2=8
i1/1 c0/0 p0/0 m3/3=16	2+0+2=8
i1/1 c0/0 p0/0 m3/3=16	2+0+2=8
i1/1 c0/0 p0/0 m3/3=16	2+0+2=8
i1/1 c0/0 p0/0 m3/3=16	2+0+2=8
i1/1 c0/0 p0/0 m3/3=16	3+1+2=12　または　3+0+3=12
i1/1 c0/0 p0/0 m3/3=16	2+0+3=10
i1/1 c0/0 p0/0 m3/3=16	3+0+3=12
i1/1 c0/0 p0/0 m3/3=16	2+0+3=10
i1/1 c0/0 p0/0 m3/3=16	2+0+2=8
i1/1 c0/0 p0/0 m3/3=16	3+0+2=10
i1/1 c0/0 p0/0 m3/3=16	3+0+2=10
i1/1 c0/0 p1/1 m3/3=18	2+0+2=8

頁	和名	染色体数[※1] Chromosome number	産子数[※1][※3] Litter size（頭）
16	エゾリス	2n = 40	3–10
18	ニホンリス	2n = 40	2–6
22	ムササビ	2n = 38	1–2
24	ニホンモモンガ	2n = 38	1–5
26	エゾモモンガ	2n = 38	2–5
20	タイワンリス	2n = 38	2–3
28	エゾシマリス	2n = 38	3–6
30	ヤマネ	2n = 46	2–7
32	エゾヤチネズミ	2n = 56	1–9
34	ムクゲネズミ	2n = 56	4–8
36	ミカドネズミ	2n = 56	1–8
38	トウホクヤチネズミ	2n = 56	1–6
39	ニイガタヤチネズミ	2n = 56	1–6
40	ワカヤマヤチネズミ	2n = 56	1–4
42	スミスネズミ	2n = 56	2–4
42	カゲネズミ	2n = 56	1–4
44	ハタネズミ	2n = 30	2–4
46	マスクラット	2n = 54	4–9
48	アマミトゲネズミ	2n = 25	1–7
50	オキナワトゲネズミ	2n = 44	1–8
52	トクノシマトゲネズミ	2n = 45	1–6
54	カヤネズミ	2n = 68	1–8
56	カラフトアカネズミ	2n = 53 〜 61	1–8
58	アカネズミ	2n = 46（本州中部以西），48（本州中部以東），47（本州中部境界線＝土屋線）	1–8
60	エゾアカネズミ	2n = 48	1–8
60	ミヤケアカネズミ	2n = 48	1–6
62	ヒメネズミ	2n = 46	2–5
64	セスジネズミ	2n = 48	1–7[※4]
66	ドブネズミ	2n = 42	1–10
68	ニホンクマネズミ	2n = 42	1–6
70	ヨウシュクマネズミ	2n = 38	1–8
71	ナンヨウネズミ	2n = 42	1–6
72	ケナガネズミ	2n = 44	1–5
74	ニホンハツカネズミ	2n = 40	1–6
76	オキナワハツカネズミ	2n = 40	1–6
78	ヌートリア	2n = 62	1–11

※3：飼育下での数値，※4：コウライセスジネズミ *Apodemus agrarius coreae*

鳴き声	環境省レッドリスト2020年版 特定外来生物 天然記念物
鳴く	
鳴く	絶滅のおそれのある地域個体群(LP)(中国・九州地方)
グルル…、ギャオ…	
鳴く	
鳴く	
キキッキキッ、ワンワンワン…	特定外来生物
鳴く	情報不足(DD)
鳴かない	国指定天然記念物
チィーーー	
ジィー(ミカドネズミに似る)	準絶滅危惧(NT)
ジェー	
鳴かない	
鳴かない	
鳴かない	
鳴かない	
鳴かない	
鳴く	
鳴かない	特定外来生物
鳴かない	絶滅危惧ⅠB類(EN)、国指定天然記念物
鳴かない	絶滅危惧ⅠA類(CR)、国指定天然記念物
鳴かない	絶滅危惧ⅠB類(EN)、国指定天然記念物
鳴かない	
鳴く	
鳴かない	
鳴かない	
鳴かない	
鳴く	
鳴かない	絶滅危惧ⅠA類(CR)
よく鳴く	
鳴かない	
鳴く	
鳴かない	
鳴かない	絶滅危惧ⅠB類(EN)、国指定天然記念物
鳴かない	
鳴かない	
鳴かない	特定外来生物

索引

ア

アカネズミ	58
アマミトゲネズミ	48
エゾアカネズミ	60
エゾシマリス	28
エゾモモンガ	26
エゾヤチネズミ	32
エゾリス	16
オオシマアカネズミ	61
オキアカネズミ	61
オキナワトゲネズミ	50
オキナワハツカネズミ	76

カ

カゲネズミ	43
カヤネズミ	54
カラフトアカネズミ	56
クマネズミ	68
クリハラリス	20
ケナガネズミ	72
コウライセスジネズミ	65

サ

サドアカネズミ	61
シマリス	28
スミスネズミ	42
セグロアカネズミ	61
セスジネズミ	64

タ

タイリクモモンガ	26
タイリクヤチネズミ	32
タイワンリス	20
ツシマアカネズミ	61
トウホクヤチネズミ	38
トクノシマトゲネズミ	52
ドブネズミ	66

ナ

ナンヨウネズミ	71
ニイガタヤチネズミ	40
ニホンハツカネズミ	74
ニホンモモンガ	24
ニホンリス	18
ヌートリア	78

ハ

ハタネズミ	44
ハツカネズミ	74
パンダマウス	75
ハントウアカネズミ	56
ヒメネズミ	62
ヒメヤチネズミ	36
ホンドモモンガ	24

マ

マスクラット	46
ミカドネズミ	36
ミヤケアカネズミ	60
ミヤマムクゲネズミ	35
ムクゲネズミ	34
ムササビ	22

ヤ

ヤチネズミ	38
ヤマネ	30
ヨウシュクマネズミ	70

ラ

リシリムクゲネズミ	35

ワ

ワカヤマヤチネズミ	41

主な参考文献

『日本哺乳類図説』黒田長禮 1940、『日本獣類図説』黒田長禮 1953、『日本哺乳動物図説』今泉吉典 1960、『原色日本哺乳類図鑑』今泉吉典 1960、『日本の哺乳類 改訂版』阿部 永 2005、『ネズミの分類学』金子之史 2006、『日本産哺乳類頭骨図説』阿部 永 2007、『The Wild Mammals of Japan』Ohdachi 他 2009、『日本哺乳類大図鑑』飯島正広 2010、『森に住む動物』飯島正広 2013、『ムササビ』川道武男 2015、他